U0315607

RAL·NEU 研究报告　No.0031

新一代全连续热连轧带钢质量智能精准控制系统研究与应用

轧制技术及连轧自动化国家重点实验室
（东北大学）

北　京
冶　金　工　业　出　版　社
2021

内 容 简 介

本书介绍了新一代全连续热连轧生产线的工艺设备及基于此开发出的整套面向全连轧工艺特点的智能两级自动化控制系统。L1 级基础自动化系统包括全连续热连轧机多机架无活套微张力协调控制、基于轧制特性分析的多 AGC 综合控制、热连轧活套高度和张力的智能解耦控制等。L2 级过程自动化系统包括高精度轧制力数学模型、强迫宽度控制模型、轧制力矩模型、辊缝模型、温度数学模型、层流冷却速度及冷却路径数学模型、模型自学习等。

本书可供从事冶金自动化或金属塑性成型专业的科研人员及工程技术人员学习与参考。

图书在版编目（CIP）数据

新一代全连续热连轧带钢质量智能精准控制系统研究与应用/
轧制技术及连轧自动化国家重点实验室（东北大学）著 . —北京：
冶金工业出版社，2019.4（2021.3 重印）
（RAL·NEU 研究报告）
ISBN 978-7-5024-8066-0

Ⅰ.①新…　Ⅱ.①轧…　Ⅲ.①带钢—热轧—连续轧制—质量
控制—研究　Ⅳ.①TG335.1

中国版本图书馆 CIP 数据核字（2019）第 070942 号

出 版 人　苏长永
地　　址　北京市东城区嵩祝院北巷 39 号　邮编　100009　电话　(010)64027926
网　　址　www.cnmip.com.cn　电子信箱　yjcbs@cnmip.com.cn
责任编辑　卢　敏　美术编辑　彭子赫　版式设计　孙跃红
责任校对　卿文春　责任印制　禹　蕊
ISBN 978-7-5024-8066-0
冶金工业出版社出版发行；各地新华书店经销；北京建宏印刷有限公司印刷
2019 年 4 月第 1 版，2021 年 3 月第 2 次印刷
169mm×239mm；12.25 印张；189 千字；177 页
58.00 元

冶金工业出版社　投稿电话　(010)64027932　投稿信箱　tougao@cnmip.com.cn
冶金工业出版社营销中心　电话　(010)64044283　传真　(010)64027893
冶金工业出版社天猫旗舰店　yjgycbs.tmall.com
（本书如有印装质量问题，本社营销中心负责退换）

研究项目概述

1. 研究项目背景与立题依据

近年来，中国钢铁业亟须稳步推进结构性改革，以适应经济新常态下高质量、低成本、绿色化的高标准发展要求。目前，整个热轧带钢行业竞争日趋激烈，热轧带钢生产企业必须从产品产量、产品质量、吨钢成本以及节能环保等多个方面综合权衡，同时对原有常规带钢热轧生产线的轧制工艺及配套自动控制技术进行变革势在必行。

常规热轧带钢生产线工艺布置普遍采用半连续布置方式。热轧板坯粗轧区往复生产轧制节奏慢、工作效率低、温降大，相应增加了精轧生产过程的轧制能量消耗。另外，热轧板坯加工成中间坯的所有压下量均由固定的粗轧立辊及粗轧平辊完成，增加了机械消耗，检修及更换易损件很频繁，从而影响了整条生产线的产量。常规热轧带钢生产线的粗轧可逆轧制工艺无论是从产量、质量及成本等角度来分析均已经成为制约整条生产线提高的"瓶颈"问题。而全连轧工艺则通过将粗轧机组往复轧制形式变为顺序连续轧制形式，使工艺布置更加紧凑，生产效率更高。整条轧线的产量随着粗轧节奏加快也将大大提高，可明显提高企业经济效益。全连轧工艺布置已在窄带热连轧、中宽带热连轧获得成功推广，近期建设的天津荣程 1100mm 全连轧生产线投产后将成为最宽的一条涵盖所有质量精准控制功能的全连续热连轧生产线。

与常规热连轧过程一样，新一代全连续热连轧过程涉及材料成型、控制理论与控制工程、计算机科学、机械液压等多个学科领域，是一个典型的多学科交叉的冶金工业环节，具有多变量、强耦合、非线性、响应快等控制难点。自 20 世纪 60 年代以来，我国热轧带钢的建设走的是一条"整体引进—设备配套—自主集成"的道路，通过长期消化吸收引进技术，目前国内已基本具有工艺和工厂设计、主体设备制造、自动控制系统设计的能力，但在部分关键设备的制造、成套自动控制系统和关键工艺模型上仍与国际先进水平有一定的差距。迄今为止，我国板带钢热连轧生产线配备的自动化控制系统已经囊括了世界上所有先进电气公司如美国 GE、东芝 GE、德国 SIEMENS、日本 TMEIC、日本芝菱和奥地利 VAI 等不同时期的技术。国外公司出于对自己核心技术机密的保护，系统中一些关键的模型和控制功能都采用"黑箱"形式，使新功能和新产品的开发以及后续的系统的升级改造受到很大限制。因此，我国研究人员依托新一代全连轧工艺在轧制自动控制系统、轧制工艺模型等方面学习国际先进技术并开发出具有自主知识产权的控制系统，必将有力推动我国钢铁行业的技术进步，对于我国摆脱钢铁制造技术"引进—落后—再引进—再落后"的怪圈、成为真正的钢铁强国和创新型国家有重要意义。

2. 研究进展与成果

东北大学直属单位轧制技术及连轧自动化国家重点实验室是我国轧制技术以及相关自动化领域中唯一的国家重点实验室，荟萃材料成型、工业自动化、计算机应用、控制理论与应用等学科优秀研究人员，担负着国家重大基础性和应用性研究任务。通过长期以来对国外引进热连轧控制系统的消化和吸收再加上不断的自主创新与工程实践，东北大学 RAL 已经具备了自主设计、自主集成和自主开发热连轧控制系统的能力。

伴随着全连轧机型的逐步推广和应用，东北大学 RAL 在原有成熟热连轧控制系统的基础上特开发了一套面向全连轧工艺的智能两级自动化控制系统，适应了全连轧快节奏、全自动、高质量、低成本的要求。目前，由东北大学 RAL 所开发的全连轧自动化系统已推广应用至唐山国丰、唐山德龙、山西建龙、天津荣程、唐山东海钢铁、河北东海特钢、河北天柱等近 20 余条热轧带钢生产线。

新一代全连续热连轧带钢质量精准控制系统配置有完善的过程控制级和基础自动化级，同时预留生产管理级接口。过程控制级是由多台高性能 PC 服务器构成，基础自动化级由工业控制计算机、高性能工艺控制器 TDC 及大中型 PLC 构成，涵盖了厚度控制 AGC、宽度控制 AWC、温度控制 FTC/CTC、板形控制 ASC 等产品精度控制功能。

研究成果主要如下：

（1）多机架微张力模糊控制。针对全连续粗轧机组机架的无活套微张力控制，通过分析机架间秒流量变化的影响因素，给出了一套基于模糊智能控制策略的系统化的方法，建立了一套针对粗轧全连续条件下无活套张力控制的完整解决方案，最终开发了变温度变辊缝条件下的多机架微张力协调优化控制模型。

（2）活套高度-张力智能解耦控制。活套控制系统是一个双输入双输出的耦合系统，从活套支持器的基本运动关系出发，推导出其在工作基准点附近的线性化数学模型，针对某热连轧厂的热连轧机系统，给出了活套高度-张力多变量控制系统的传递函数矩阵。采用适合工业过程控制的特征轨迹解耦方法，并利用国际通用软件包 MATLAB 作为辅助设计工具，提出了一套适合活套控制系统的解耦过程与方法。进而通过附加 PID 补偿控制器分别对解耦后的活套高度和张力系统进行控制。

（3）热连轧厚度控制策略优化。结合轧制过程基本方程，建立了用于轧制过程特性分析的增量模型。逐个计算轧制力和前滑对轧机入、出口厚度、温度以及前后张力的偏微分系数，得出了轧制工艺参数间的影响系数。根据影响系数分析得出各轧制参数对带钢成品厚度偏差的影响，获得热连轧厚度最优控制策略，即采用厚度计 AGC 或前馈 AGC 消除由变形抗力波动造成的厚度偏差，对热连轧机组后四架轧机投入监控 AGC 以保证带钢成品厚度精度的厚度控制策略。

（4）新型厚度计 AGC 开发。以轧制理论为基础，针对计算刚度系数和实际刚度系数之间存在偏差和弹跳曲线的非线性问题，从两个方面揭示利用基于刚度系数的弹跳方程计算厚度基准存在误差的根本原因。为解决刚度系数对厚度基准计算的影响，提出基于由牌坊弹跳特性曲线和机架轧机辊系挠曲特性曲线组成的弹跳特性曲线的机架间厚度计算策略，以此为基础建立新型厚度计 AGC，解决了厚度计 AGC 厚度基准的问题，提高厚度计 AGC 工作稳定性和控制精度。

（5）全连续粗轧强迫宽展模型与数值模拟分析。开发全连续粗轧过程强制宽展数学模型，该模型采用分区法计算宽度，将轧件沿宽度方向分为五个区，传动侧和操作侧的两个对称孔型轧制的坯料定为Ⅰ区；孔型轧辊内径槽顶区轧制的坯料定为Ⅲ区；Ⅰ区和Ⅲ区相连的两个过渡区定为Ⅱ区，分别计算每一个区的强迫宽展量、自由宽展量和轧制力。通过数值模拟方法，分析不同强迫宽展辊辊型参数对强迫宽展量的影响规律以及不同摩擦系数对出口宽度的影响规律，归纳出宽展与各因素的关系，从而得到强迫宽展辊型最优参数值。

（6）全连续热连轧过程控制系统开发。系统开发平台和开发软件采用通用 Windows 系列的系统和软件。软件使用多进程多线程、模块化结构设计，以事件信号驱动机制建立模块间联系。系统架构具有很强的通用性和适应性，可以按照不同轧线的特点自主选择合适的模块。分析了全连续热连轧轧线长、速度快的特点，开发了实现全线精细化跟踪策略，并应用于现场生产线，性能稳定，有效地提高了轧制节奏，进而提高产能。

（7）建立全连续粗轧机组、精轧机组模型设定系统与参数优化方法。建立适用于全连续热连轧过程控制系统的负荷分配、温度计算、秒流量控制、自动宽度控制、板形设定控制框架体系。为提高换规格后的首块钢的轧制力和厚度的命中率，开发基于 PSO 神经元网络的轧制力纠偏方法，基于具有完备自学习功能的数学模型预报平台，采用神经元网络和数学模型组合建模的方法，将神经元网络的输出项和数学模型的计算结果进行组合。利用数学模型预报轧制力，同时充分利用神经元网络的计算速度快，容错能力强、信息存贮方便、学习功能强等特点，纠正各种工艺条件下预报值与实测值的偏差，大幅度提高了轧制力的设定精度。

（8）卷取温度高精度控制。深入研究和分析了层流冷却的冷却机理，建立了空冷温降模型和水冷温降模型；设计了层流冷却控制系统结构，具备预设定、修正设定和模型自学习功能；开发了基于 Smith 预估器的反馈控制策略，结合高精度设定模型，实现了带钢全长温度的高精度控制。现场实际应用效果表明，该控制系统能够适应不同钢种和不同规格带钢的不同冷却工艺的要求，针对生产过程中不同规格带钢卷取温度均实现了高精度的控制。

目前，已将该控制系统推广应用于 20 余条全连轧生产线，带钢质量控制精度全面达到国际先进水平，助力了轧制技术及连轧自动化国家重点实验室在板带钢热连轧自动控制系统领域的快速发展。同时，该控制系统的实施有力地推动了热连轧工艺、装备、自动化等多学科的一体化协同创新，使我国成为第一个具备新一代全连续热连轧生产线自主知识产权的国家。

3. 论文与专利

该成果研发和推广过程中，在国内外学术期刊发表论文 20 余篇，申请国家专利和软件著作权 10 余项。

论文：

［1］ Li Xu, Wang Hongyu, Ding Jingguo, Xu Jiujing, Zhang Dianhua. Analysis and prediction of fishtail during V-H hot rolling process［J］. Journal of Central South University, 2015, 22: 1~7.

［2］ Li Xu, Wang Hongyu, Liu Yuanming, Zhang Dianhua, Zhao Dewen. Analysis of edge rolling based on continuous symmetric parabola curves［J］. Journal of the Brazilian Society of Mechanical Sciences & Engineering, 2017, 39: 1259~1268.

［3］ 李旭，彭文，丁敬国，张殿华. 热连轧数据采集的多样本处理策略［J］. 东北大学学报（自然科学版），2014, 35（4）: 521~523, 528.

［4］ Ding Jingguo, Li Qiyao, Ma Gengsheng, Peng Wen. Numerical Analysis for compulsory broadsiding method of complete continuous rough rolling process. Proceedings of the institution of mechanical engineers part c-journal of mechanical engineering science , 2018, Vol. 232（20）: 3685~3695.

［5］ Peng Wen, Zhang Dianhua, Zhao Dewen. Application of parabolic velocity field for the deformation analysis in hot tandem rolling. International Journal of Advanced Manufacturing Technology, 2017, 91（5-8）: 2233~2243.

［6］ Peng Wen, Liu Ziying, Yang Xilin, Zhang Dianhua. Optimization of Temperature and Force Adaptation Algorithm in Hot Strip Mill［J］. Journal of Iron and Steel Research, International, 2014, 21（3）: 300~305.

［7］ Peng Wen, Chen Shuzong, Gong Dianyao, Liu Ziying, Zhang Dianhua. Adaptive Threading Strategy Based on Rolling Characteristics Analysis in Hot Strip Rolling. Journal of Central South University, 2017, 24（9）: 1560~1572.

［8］ 彭文，马更生，龚殿尧，张殿华. 基于软测量模型的粗轧厚度预测方法［J］. 东北大学学报（自然科学版），2017, 38（3）: 366~369.

［9］ 彭文，张殿华，曹剑钊，刘子英. 基于稳态误差的热连轧弹跳方程优化算

法 [J]. 东北大学学报（自然科学版），2013，34（4）：528~531.

[10] 彭文，马更生，曹剑钊，张殿华. 热轧带钢短行程控制自适应策略 [J]. 东北大学学报（自然科学版），2016，37（3）：343~346.

[11] 姬亚锋，彭文，马更生，张殿华. 热轧带钢自适应穿带策略的优化 [J]. 东北大学学报（自然科学版），2015，36（8）：1106~1109.

[12] 彭文，陈庆安，马更生，张殿华. 热连轧宽度自适应模型优化 [J]. 东北大学学报（自然科学版），2017，38（9）：1243~1246.

[13] 彭文，姬亚锋，陈树宗，张殿华. 热连轧轧制特性分析及轧制力动态锁定策略研究 [J]. 中南大学学报，2017，48（6）：1492~1498.

[14] 彭文，陈树宗，马更生，张殿华. 基于有限元分析的中间坯温度预报策略 [J]. 中南大学学报，中南大学学报（自然科学版），2017，48（11）：2873~2880.

[15] 彭文，张殿华，龚殿尧，曹剑钊，刘子英. 采用起套系数法提高精轧速度设定精度的研究 [J]. 冶金自动化，2013，37（6）：59~62.

[16] 彭文，姬亚锋，李影，张殿华，张力，孙建民. 热轧带钢轧制节奏的优化 [J]. 轧钢，2013，30（5）：44~45，54.

[17] 彭文，陈树宗，丁敬国，张殿华. 基于惩罚项的热连轧轧制规程多目标函数优化 [J]. 沈阳工业大学学报，2014，36（1）：45~50.

[18] 彭文，马更生，张殿华. 热轧带钢超快速冷却过程的温度控制策略 [J]. 武汉科技大学学报，2015，38（5）.321~324.

[19] 彭文，马更生，许楠，曹剑钊，李影，张殿华. 带钢热连轧飞剪控制策略 [J]. 轧钢，2016，33（1）：58~60.

[20] Ji Yafeng, Zhang Dianhua, Chen Shuzong, et al. Algorithm design and application of novel GM-AGC based on mill stretch characteristic curve [J]. Journal of Central South University, 2014, 21：942~947.

[21] Ji Yafeng, Hu Xiao, Jiang Lianyun. et al. Algorithmic design and application of feedback control for coiling temperature in hot strip mill [J]. Advances in Mechanical Engineering, 2017, 9（9）：1~7.

[22] 姬亚锋，张殿华，孙杰，等. 热连轧机 AGC 系统的优化 [J]. 东北大学学报（自然科学版），2013，34（4）：532~535.

［23］ 姬亚锋，田敏，郭鹏程，等. 板带热连轧机活套控制系统优化［J］. 中国机械工程，2017，28（4）：410~414，431.

［24］ 姬亚锋，胡啸，江连运，等. 基于轧机弹跳特征曲线的热连轧精轧宽度控制策略研究［J］. 冶金自动化，2016，40（3）：31~35.

［25］ 姬亚锋，彭文，孙杰，等. 基于负荷平衡的监控 AGC 在热连轧中的应用［J］. 中国冶金，2014，24（2）：36~39.

专利：

（1）李旭，孙杰，赵况，张欣，张浩宇，谷德昊，张殿华. 一种测量传动系统转动惯量的方法. 2012，中国，ZL201110374048. 5.

（2）丁敬国，曲丽丽，马更生，彭文，孙杰，张殿华. 一种全连续粗轧过程的强制宽展控制方法，2016.8.31，中国，ZL 201510242235. 6.

（3）曹剑钊，彭文，陈树宗，姬亚锋，丁敬国，张殿华. 一种热连轧精轧过程控制方法. 2013，中国，ZL 201210454079. 6.

（4）彭文，许楠，马更生，丁敬国，姬亚锋，张殿华. 一种热连轧粗轧过程轧件宽度控制方法. 2015，中国，ZL201410623421. X.

（5）彭文，马更生，尹方辰，卜赫男，孙杰，张殿华. 一种热连轧中间坯厚度计算方法. 2015，中国，ZL201510632907. 4.

（6）彭文，马更生，陈树宗，尹方辰，闫注文，孙杰，张殿华. 一种热连轧精轧入口温度预报方法. 2016，中国，ZL201610047659. 1.

（7）彭文，陈树宗，马更生，丁敬国，尹方辰，孙杰，李影，张殿华. 一种热连轧精轧区机架轧后宽展量计算方法. 2017，中国，ZL 201611070559. 7.

（8）曹剑钊，彭文，陈树宗，姬亚锋，丁敬国，张殿华. 一种热连轧精轧过程控制方法. 2013，中国，ZL201210454079. 6.

（9）姬亚锋，马立峰，段晋芮，等. 一种板带连续轧制厚度控制方法. 2018，中国，ZL201811130919. 7.

软件著作权：

（1）张殿华，李旭，孙杰，胡显国，曹剑钊，李影. RAS 过程机和监控系统通讯组件系统 V1. 0. 2012，中国，2012SR113573.

（2）张殿华，李旭，孙杰，胡显国，曹剑钊，李影. RAS 轧机过程控制系统［简称：RAS］V1. 0. 2012，中国，2012SR066924.

（3）张殿华，李旭，孙杰，胡显国，曹剑钊，李影，彭文 . ralHisgraph software V1.0. 2012，中国，2013SR093080.

4. 项目完成人员

主要完成人员	职称（职位）	单　　位
张殿华	教授	东北大学 RAL 国家重点实验室
李旭	副教授	东北大学 RAL 国家重点实验室
丁敬国	副教授	东北大学 RAL 国家重点实验室
高坤	常务副总经理	天津市中重科技工程有限公司
孙杰	副教授	东北大学 RAL 国家重点实验室
姬亚锋	副教授	太原科技大学
彭文	副研究员	东北大学 RAL 国家重点实验室
王磊	总工程师	天津市中重科技工程有限公司
谷德昊	工程师	东北大学 RAL 国家重点实验室
于加学	工程师	东北大学 RAL 国家重点实验室
赵　兵	副总工程师	天津市中重科技工程有限公司
霍利锋	副总经理	天津市中重科技工程有限公司
胡显国	工程师	东北大学 RAL 国家重点实验室
吴晓鹏	工程师	东北大学 RAL 国家重点实验室
李影	工程师	东北大学 RAL 国家重点实验室

5. 报告执笔人

李旭，丁敬国，高坤，张殿华，王磊，姬亚锋，彭文，霍利锋。

6. 致谢

新一代全连续热连轧自动化系统的研发与应用，离不开唐山国丰、天津荣程、唐山东海、唐山德龙、山西建龙、信阳钢铁、河北东海特钢等公司领导与技术人员的大力支持与帮助，感谢大家所提供的良好调试平台，也感谢各公司技术人员在调试过程中提出的各种意见与建议。同时，还要感谢天津市中重科技工程有限公司谷峰兰董事长、马冰冰副董事长、田学伯总工程师在全连轧工艺技术和机械装备等方面给予的大力支持。

新一代全连续热连轧自动化系统的研发过程中有幸得到了东北大学轧制技术及连轧自动化国家重点实验室王国栋院士、王昭东主任的鼎力支持，在前期设计和现场调试过程中都给出了很多宝贵的建设性意见。最后感谢 RAL 热连轧自动化团队所有成员所付出的努力与汗水！

目　　录

摘　　要

为了适应经济新常态下高质量、低成本、绿色化的高标准要求，常规热连轧带钢的制造过程已渐由半连续热轧工艺布置向全连续热轧工艺布置变革，且呈现出由全连轧窄带、全连轧中宽带逐步过渡到全连轧宽带的趋势。

伴随着全连轧机型的逐步推广和应用，东北大学轧制技术及连轧自动化国家重点实验室（RAL）开发了一套面向全连轧工艺的智能两级自动化控制系统，适应了全连轧快节奏、全自动、高质量、低成本的工艺要求。目前，由 RAL 开发的全连轧自动化系统已推广应用至唐山国丰、唐山德龙、山西建龙、天津荣程、唐山东海钢铁、河北东海特钢、河北天柱等近 20 余条热轧带钢生产线。2018 年 8 月，RAL 中标天津荣程 1100mm 全连续热连轧生产线自动化系统，该条生产线是国际首条 1000mm 宽度以上轧机采用全连轧工艺的常规热轧机组。该生产线粗轧区配置有 3 立 5 平八架轧机，在中间辊道配置有转鼓式飞剪，精轧机由 1 立 8 平九架轧机组成，轧后冷却区配有超快冷+层冷冷却，卷取区配有两台全液压伺服地下卷取机。基础自动化系统采用 SIE-MENS PLC+TDC 控制器，过程自动化系统采用 PC 服务器，特殊仪表配置有多功能仪、测宽仪、测温仪、激光测速仪及扫描式热检等，主要生产厚度为 1.5～12.7mm 的带钢。

新一代全连续全连轧自动化系统的主要控制功能如下：

（1）多机架微张力模糊控制。针对全连续粗轧机组机架的无活套微张力控制，通过分析机架间秒流量变化的影响因素，给出了一套基于模糊智能控制策略的系统化的方法，建立了一套针对粗轧全连续条件下无活套张力控制的完整解决方案，最终开发了变温度变辊缝条件下的多机架微张力协调优化控制模型。

（2）活套高度-张力智能解耦控制。活套控制系统是一个双输入双输出的耦合系统，从活套支持器的基本运动关系出发，推导出其在工作基准点附近的线性化数学模型，针对某热连轧厂的热连轧机系统，给出了活套高度-张力多变量控制系统的传递函数矩阵，采用适合工业过程控制的特征轨迹解耦方法，并利用国际通用软件包 MATLAB 作为辅助设计工具，提出了一套适合活套控制系统的解耦过程与方法。进而通过附加 PID 补偿控制器分别对解耦后的活套高度和张力系统进行控制。

（3）热连轧厚度控制策略优化。结合轧制过程基本方程，建立了用于轧制过程特性分析的增量模型。逐个计算轧制力和前滑对轧机入、出口厚度、温度以及前后张力的偏微分系数，得出了轧制工艺参数间的影响系数。根据影响系数分析得出各轧制参数对带钢成品厚度偏差的影响，获得热连轧厚度最优控制策略，即采用厚度计 AGC 或前馈 AGC 消除由变形抗力波动造成的厚度偏差，对热连轧机组后四架轧机投入监控 AGC 以保证带钢成品厚度精度的厚度控制策略。

（4）新型厚度计 AGC 开发。以轧制理论为基础，针对计算刚度系数和实际刚度系数之间存在偏差和弹跳曲线的非线性问题，从两个方面揭示利用基于刚度系数的弹跳方程计算厚度基准存在误差的根本原因。为解决刚度系数对厚度基准计算的影响，提出基于由牌坊弹跳特性曲线和机架轧机辊系挠曲特性曲线组成的弹跳特性曲线的机架间厚度计算策略，以此为基础建立新型厚度计 AGC，解决了厚度计 AGC 厚度基准的问题，提高了厚度计 AGC 工作稳定性和控制精度。

（5）全连续粗轧强迫宽展模型与数值模拟分析。全连续粗轧过程强制宽展数学模型采用分区法计算宽度，将轧件沿宽度方向分为 5 个区：传动侧和操作侧的两个对称孔型轧制的坯料定为Ⅰ区；孔型轧辊内径槽顶区轧制的坯料定为Ⅲ区；Ⅰ区和Ⅲ区相连的两个过渡区定为Ⅱ区，分别计算每一个区的强迫宽展量、自由宽展量和轧制力。通过数值模拟方法，分析不同强迫宽展辊辊型参数对强迫宽展量的影响规律及不同摩擦系数对出口宽度的影响规律，归纳出宽展与各因素的关系，从而得到强迫宽展辊型最优参数值。

（6）全连续热连轧过程控制系统开发。系统开发平台和开发软件采用通用 Windows 系列的系统和软件。软件使用多进程多线程、模块化结构设计，以事件信号驱动机制建立模块间联系。系统架构具有很强的通用性和适应性，可以按照不同轧线的特点自主选择合适的模块。根据全连续热连轧轧线长、速度快的特点，开发了实现全线精细化跟踪策略，并应用于现场生产线，性能稳定，有效地提高了轧制节奏，进而提高产能。

（7）建立全连续粗轧机组、精轧机组模型设定系统与参数优化方法。建立了适用于全连续热连轧过程控制系统的负荷分配、温度计算、秒流量控制、自动宽度控制、板形设定控制框架体系。为提高换规格后的首块钢的轧制力和厚度的命中率，开发基于 PSO 神经元网络的轧制力纠偏方法，基于具有完备自学习功能的数学模型预报平台，采用神经元网络和数学模型组合建模的方法，将神经元网络的输出项和数学模型的计算结果进行组合。利用数学模型预报轧制力，同时充分利用神经元网络的计算速度快，容错能力强、信息存贮方便、学习功能强等特点，纠正各种工艺条件下预报值与实测值的偏差，大幅度提高了轧制力的设定精度。

（8）卷取温度高精度控制。深入研究和分析了层流冷却的冷却机理，建立了空冷温降模型和水冷温降模型；设计了层流冷却控制系统结构，具备预设定、修正设定和模型自学习功能；开发了基于 Smith 预估器的反馈控制策略，结合高精度设定模型，实现了带钢全长温度的高精度控制。现场实际应用效果表明，该控制系统能够适应不同钢种和不同规格带钢的不同冷却工艺的要求，针对生产过程中不同规格带钢卷取温度均实现了高精度的控制。

东北大学所开发的新一代全连续热连轧自动化系统，实现了多机架无活套微张力协调控制、基于轧制特性分析的多 AGC 综合控制、热连轧活套高度和张力的智能解耦控制、高精度轧制过程数学模型、轧后冷却速度与冷却路径数学模型等。由于这一系列独有先进控制技术的采用，可以使轧制力预报精度达到 95% 以上，保证换辊或换规格的第一块钢的厚度、宽度及温度命中率达到 98%，第二块钢的厚度、宽度和温度精度 100% 命中，成品带钢宽度偏差控制在 0~3mm 之内，厚度为 2mm 的带钢厚度偏差控制在 ±15μm 内，成品带钢温度偏差控制在 ±18℃。

关键词：全连续热连轧；微张力控制；强迫宽展；AGC；AWC；轧制数学模型；卷取温度控制

1 常规热连轧线的全连轧工艺

1.1 概况

作为重要的基础材料工业，我国钢铁工业经过改革开放 40 年的快速发展，不仅有力支撑了国民经济发展，推进了工业化、城市化进程，也形成了较为完整的产业发展体系，成为我国制造业门类中最具全球竞争力的产业。作为中国制造业的支柱型行业，钢铁业既是引领中国经济持续发展的中流砥柱，也是中国经济深化改革的风向标。

现阶段中国经济步入新常态意味着中国制造业所处的客观环境已发生实质性改变。内部经济发展要求的提升与外部竞争环境的加剧，共同诱发了中国经济的新改革，也为新改革的有序进行提供了许多积极要素。制造业改革符合中国经济新常态的必然要求，也是中国经济寻求高质量发展的客观结果。钢铁业的发展与中国的工业化进程之间存在紧密关联。近 40 年来，中国钢铁业的发展不单纯表现为产量上的简单增长，也反映出相关技术含量的同步增长，并相应带动钢铁产品的多样化、精品化发展。应该说，这是中国钢铁业在改革开放以来的发展历程中取得的重要成绩之一，同时也为中国经济的高速发展与质量提升创造了重要的保障条件。

近年来，中国钢铁业亟须稳步推进结构性改革，以适应经济新常态下高质量、低成本、绿色化的高标准发展要求。作为非常重要的带钢加工工序之一，常规热连轧带钢的制造过程变革也不例外。经过近一个世纪的实践和发展，带钢热轧生产线工艺布置曾发生过多次变革，主要体现在粗轧机组布置的变化。

1.2 常规热轧粗轧机组的布置形式

图 1-1 中给出了常规热轧带钢生产线的几种典型布置形式。

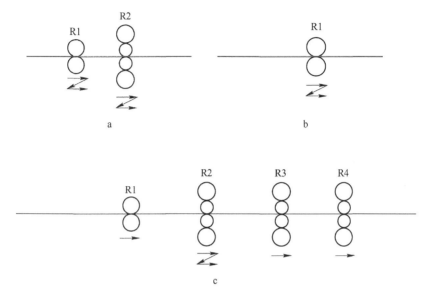

图 1-1　粗轧机组典型布置形式

图 1-1a 为双机架半连续式布置，R1 可以是可逆或不可逆轧机，轧制 1~3 道次，R2 为可逆轧机，轧制 3~5 道次；图 1-1b 为单机架半连续式布置，采用一架粗轧机 R1 进行 5~7 道次可逆轧制。图 1-1c 所示的 3/4 连续式布置，R1 轧制 1 道次后在 R2 轧机可逆轧制 3~7 道次，R3、R4 连续轧制。

　　粗轧机组布置形式的选择不仅要考虑设备和厂房的投资，也要考虑到与加热炉和精轧机组生产能力的匹配。随着轧机结构的改进和控制水平的提高，粗轧机的最大轧制力、电机额定功率、最高轧制速度均不断提高，使生产能力不断加强。在过去很长一段时间内，新建的常规热轧带钢生产线通常采用双机架半连续式的布置形式，而对于相对较窄（1580mm 以下）的生产线，使用单机架半连续式即可。采用这种布置形式，在生产绝大部分规格的产品时，粗轧阶段都不会成为轧制节奏瓶颈。另外，这种半连续轧制的工艺布置不论是电气控制，还是生产操作习惯都已经相当成熟。

　　当今形势下，整个热轧带钢行业竞争日趋激烈。为了更好地适应经济新常态，热轧带钢生产企业必须从产品产量、产品质量、吨钢成本以及节能环保等多个方面综合权衡，同时对原有常规带钢热轧生产线的轧制工艺技术变革势在必行。

1.3　半连续热轧工艺

1.3.1　半连续工艺概述

常规热轧带钢生产线工艺布置普遍采用半连续布置方式。连铸板坯经过冷装或热装运输到工业加热炉里，进行板坯加热。加热好的连铸板坯运输到高压水除鳞装置设备处，通过高压水流除去板坯表面的氧化铁皮。板坯运输到粗轧机组，粗轧组对板坯厚度和宽度两个方向大压下量轧制，轧成满足尺寸要求的中间坯料，送到热卷箱处卷取和开卷，开卷的中间坯切过带头后送入精轧机组，精轧机对带钢进行最终加工，轧制成满足尺寸要求的成品带钢。成品带钢经过层流冷却设备进行冷却后送到卷取机制成成品钢卷，最后经过打捆、称重钢卷就可以运到成品库，完成带卷的加工过程。工艺流程图如图1-2所示。

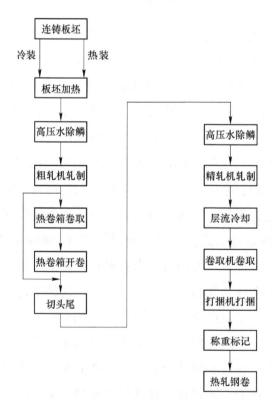

图 1-2　半连续热连轧工艺流程图

粗轧机组工艺设备是由一台粗轧立辊轧机和一台粗轧平辊轧机组成。粗轧立辊轧机控制热轧板坯宽度方向尺寸，粗轧平辊轧机控制热轧板坯厚度方向尺寸，立辊与平辊组成的粗轧机组共同对热轧板坯经过 3 个、5 个或 7 个过程的往复轧制，将带钢轧制成满足工艺要求的中间坯料。

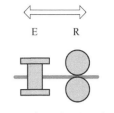

图 1-3　半连续工艺下粗轧机组的设备布置图

整个粗轧机组的设备布置图如图 1-3 所示。

1.3.2　粗轧半连续工艺现存的问题

热轧板坯通过粗轧立辊及平辊往复轧制生产中间坯的工艺存在如下缺点：

（1）热轧板坯往复生产轧制节奏慢、工作效率低，在轧制过程中板坯热量将大量损失，相应增加了后续精轧生产过程的加工难度，无形中增加了轧制能量消耗。

（2）整个粗轧往复生产过程中，热轧板坯加工成中间坯的所有加工量均由固定的粗轧立辊及粗轧平辊完成，增加了这两架轧机的机械消耗，检修及更换易损件的频率将很频繁，大量占据正常生产时间，影响了整条生产线的产量。

1.4　全连续热轧生产工艺

1.4.1　全连续工艺概述

改变原有半连续工艺条件下单个轧制工位可逆往复轧制，将其在多个轧制工位形成连续轧制即为全连续热轧生产工艺。全连续热轧的粗轧机组由三架立辊轧机和五架平辊轧机组成，粗轧机的布置顺序为 1：立辊轧机 E1；2：平辊轧机 R1；3：平辊轧机 R2；4：立辊轧机 E2；5：平辊轧机 R3；6：平辊轧机 R4；7：立辊轧机 E3；8：平辊轧机 R5。粗轧机组连续轧制工艺布置图如图 1-4 所示。

具体轧制工序如下：

第一道工序：立辊轧机 E1 对热轧板坯进行宽度方向上的轧制。将已加热至温度 1100~1150℃的热轧板坯运输至高压水除鳞装置，清除表面的氧化铁皮后使其位于立辊轧机 E1 前，运输装置沿轧制线方向将热轧板坯送入立辊轧

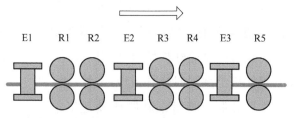

图 1-4　全连续工艺下粗轧机组的设备布置图

机 E1 中，立辊轧机 E1 顺利咬入热轧板坯并对板坯进行宽度方向上的轧制。立辊轧机 E1 的作用为合理控制热轧板坯的宽度尺寸，同时消除头尾宽度差异。

第二道工序：平辊轧机 R1 对热轧板坯进行厚度方向上的轧制。热轧板坯经过立辊轧机 E1 的轧制后进入平辊轧机 R1，在立辊轧机 E1 的协助下使得平辊轧机 R1 顺利咬入。通过平辊轧机 R1 的轧制将热轧板坯在厚度方向上减小 25%~30%，平辊轧机 R1 的作用为对热轧板坯厚度进行大压下量轧制。

第三道工序：平辊轧机 R2 对热轧板坯再次进行厚度方向上的轧制。热轧板坯经过平辊轧机 R1 的轧制后进入平辊轧机 R2。通过平辊轧机 R2 的轧制再次将厚度方向上减小 25%~30%，平辊轧机 R2 的作用为对热轧板坯厚度方向大压下量轧制。

第四道工序：立辊轧机 E2 对热轧板坯进行宽度方向上的轧制。热轧板坯经过平辊轧机 R2 的轧制后进入立辊轧机 E2。通过立辊轧机 E2 的轧制改变轧件宽度；立辊轧机 E2 的作用为对热轧板坯宽度方向进行合理控制，同时消除头尾宽度差异。

第五道工序：平辊轧机 R3 对热轧板坯进行厚度方向上的轧制。热轧板坯经过立辊轧机 E2 的轧制后进入平辊轧机 R3。通过平辊轧机 R3 的轧制将轧件厚度减小 25%~30%，平辊轧机 R3 的作用为对热轧板坯厚度方向大压下量轧制。

第六道工序：平辊轧机 R4 对热轧板坯进行厚度方向上的轧制。热轧板坯经过平辊轧机 R3 的轧制后进入平辊轧机 R4。通过平辊轧机 R4 的轧制继续将轧件厚度减小 25%~30%，平辊轧机 R4 的作用为对热轧板坯厚度方向大压下量轧制。

第七道工序：立辊轧机 E3 对热轧板坯进行宽度方向上的轧制。热轧板坯经过平辊轧机 R4 的轧制后进入立辊轧机 E3。通过立辊轧机 E3 的轧制在宽度方向上达到目标宽度；同时通过自动宽度控制手段对轧件头部及尾部进行优化轧制。立辊轧机 E3 的作用为对热轧板坯宽度方向适当调整，优化调整轧件头尾宽度尺寸。

第八道工序：平辊轧机 R5 对热轧板坯进行厚度方向上的轧制。热轧板坯经过立辊轧机 E3 的轧制后进入平辊轧机 R5。通过平辊轧机 R5 的轧制将轧件厚度适量减小达到目标厚度。平辊轧机 R5 的作用为对热轧板坯厚度方向适当压下轧制同时调整热轧板坯形状，给精轧机提供外形尺寸满足要求的热轧中间坯。

1.4.2 全连续工艺典型粗轧机组规程

粗轧机组轧制规程见表 1-1。

表 1-1 粗轧机组轧制规程一

开轧坯料尺寸(厚×宽×长)	180mm×600mm×10000mm				钢种	Q235B	
中间坯尺寸 （厚×宽）	30.0mm×630mm				出炉温度	1180℃	
机架号	厚度 /mm	轧制力 /kN	轧制温度 /℃	轧制速度 /m·s⁻¹	功率 /kW	力矩 /kN·m	宽度 /mm	电机电流 /A
E1	180	89.435	1156.49	0.374	6.211	4.429	598.27	18.19
R1	129.95	7032.894	1151.08	0.498	739.486	616.506	613.35	1151.11
R2	89.94	6862.328	1129.04	0.694	915.948	552.75	621.44	1310.17
E2	89.94	66.69	1134.01	0.727	5.174	2.587	602.74	27.79
R3	61.54	6607.227	1108.43	0.987	1146.354	486.618	629.27	1399.00
R4	42.36	6919.77	1089.49	1.409	1470.216	437.107	632.24	1782.08
E3	42.36	31.99	1092.90	1.460	2.056	1.115	631.14	31.76
R5	30	6805.546	1071.62	2.000	1723.15	362.208	632.99	2088.66

粗轧机组轧制规程二见表 1-2。

表 1-2 粗轧机组轧制规程二

开轧坯料尺寸(厚×宽×长)	180mm×650mm×10000mm				钢种	Q235B	
中间坯尺寸 （厚×宽）	30.0mm×680mm				出炉温度	1180℃	
机架号	厚度/mm	轧制力 /kN	轧制温度 /℃	轧制速度 /m·s⁻¹	功率 /kW	力矩 /kN·m	宽度 /mm	电机电流 /A
E1	180	96.53	1156.49	0.374	6.70	4.78	648.27	19.63

机架号	厚度/mm	轧制力/kN	轧制温度/℃	轧制速度/m·s⁻¹	功率/kW	力矩/kN·m	宽度/mm	电机电流/A
R1	129.95	7591.06	1151.08	0.498	798.18	665.44	663.35	1242.47
R2	89.94	7406.96	1129.04	0.694	988.64	596.62	671.44	1414.15
E2	89.94	71.98	1134.01	0.727	5.58	2.79	652.74	30.00
R3	61.54	7131.61	1108.43	0.987	1237.33	525.24	679.27	1510.03
R4	42.36	7468.96	1089.49	1.409	1586.90	471.80	682.24	1923.51
E3	42.36	34.53	1092.90	1.460	2.22	1.20	681.14	34.28
R5	30	7345.67	1071.62	2.000	1859.91	390.95	682.99	2254.43

粗轧机组轧制规程三见表 1-3。

表 1-3　粗轧机组轧制规程三

开轧坯料尺寸(厚×宽×长)		180mm×720mm×10000mm				钢种		Q235B	
中间坯尺寸（厚×宽）		30.0mm×750mm				出炉温度		1180℃	
机架号	厚度/mm	轧制力/kN	轧制温度/℃	轧制速度/m·s⁻¹	功率/kW	力矩/kN·m		宽度/mm	电机电流/A
E1	180	114.92	1156.49	0.374	7.98	5.69		718.27	23.37
R1	129.95	9036.98	1151.08	0.498	950.21	792.19		733.35	1479.13
R2	89.94	8817.81	1129.04	0.694	1176.95	710.26		741.44	1683.51
E2	89.94	85.69	1134.01	0.727	6.64	3.32		722.74	35.71
R3	61.54	8490.01	1108.43	0.987	1473.01	625.29		749.27	1797.65
R4	42.36	8891.62	1089.49	1.409	1889.17	561.67		752.24	2289.89
E3	42.36	41.11	1092.90	1.460	2.64	1.43		751.14	40.81
R5	30	8744.85	1071.62	2.000	2214.18	465.42		752.99	2683.85

1.5　全连续热轧生产工艺的先进性

全连续热轧生产优点：

（1）车间布置：粗轧机组往复轧制形式需要布置满足热轧板坯延展长度的粗轧机前延伸辊道、粗轧机后延伸辊道等设备，这些设备占据大量车间长度。例如热轧板坯经过 4 次往复轧制后长度由 8m 将延伸为 33m，粗轧机前延伸辊道长度至少要布置为 38m 才能满足。粗轧机组改为连续轧制形式后粗轧机后延伸辊道长度保持不变，粗轧机前延伸辊道长度方向上只需要满足加热后未经过轧制的原始热轧板坯长度即可。例如热轧板坯未经过加工时长度为8m，粗轧机前延伸辊道长度设定为10m即能满足要求。考虑上机组本身长度的增加，整个车间长度仍比半连续工艺布置缩短将近10m。既缩短了整条轧线长度，又降低了厂房投资。

（2）生产效率：粗轧机组往复轧制形式变为顺序连续轧制形式后工艺布置更加紧凑，生产效率更高。例如轧制8m长热轧板坯，采用一台立辊轧机和一台平辊轧机对热轧进行往复可逆轧制成所需合格尺寸的中间板坯，轧制时间加上往复调整间隙时间总共需要80~85s；而全连续粗轧机组的生产时间约为59s，整条轧线的产量随着粗轧节奏加快也将大大提高，可明显提高企业经济效益。

（3）能源消耗：经粗轧机组轧制后的中间坯要提供给精轧机组对板坯进行最后精加工，这就要求中间板坯温度满足精轧机组轧制要求。全连续粗轧机组生产时间更短，轧件的散热量更少。即同样温度的中间板坯的情况下，生产时间更短、热量损失更少的全连续轧制工艺所需求的原加热坯料温度较低。实践生产证明：粗轧机组往复轧制形式所需热轧坯料为1200℃，全连续轧制形式下出炉板坯温度可降低50℃左右，即所需热轧坯料为1150℃。出炉温度降低的直接优点是节省加热炉燃料，减少原材料消耗，节约吨钢加热成本。

（4）产品表面质量及收得率：全连续粗轧机组要求热轧板坯的温度降低了50℃，低温轧制大大减少了热轧板坯表面氧化过程，高压水去除的氧化铁皮减少从而可提高金属收得率，增加企业经济收益；同时，低温轧制有利于热轧钢坯内部组织变形，低温轧制后生产的带钢强度高于常规温度下生产的带钢强度，提升了产品的市场竞争力。

（5）产品范围：粗轧机组轧机顺序布置将使生产组织更加灵活，对于生产厂家原料单一的条件下，可通过平辊轧机轧辊增加宽展孔型，使得热轧板坯在轧制过程中实现强迫展宽。宽展孔型不同将可以得到不同宽度的产品。这种轧制方式在生产宽度600mm以下带钢产品中得到广泛应用，为企业扩展了产品范围，同时拓展销售市场。

（6）产品尺寸质量：全连续粗轧机的压下系统动作范围比半连续粗轧机

的压下系统动作范围要小很多。因此，全连续粗轧机可采用全液压压下，而非半连续粗轧机常用的电动压下或电动+液压混合压下方式。平辊轧机采取液压 HAGC 控制方式，更容易保证中间坯厚度的均匀性并大幅度减少中间坯楔形。同时，立辊轧机配置液压 AWC 加头尾短行程 SSC 控制功能，不仅能及时调整坯料宽度方向尺寸与宽度偏差，还能优化热轧中间板坯头部及尾部形状提高产品成材率，最终获得尺寸精度更高的热轧中间板坯。

1.6 本章小结

热轧带钢粗轧区的全连续轧制工艺已广泛应用于新建中宽带热轧生产线或中宽带热轧生产线的升级改造。通过近 30 多条的生产实践，证明了该工艺技术可靠，装备水平领先。现在，全连续轧制工艺已逐步推广至宽幅规格的常规热连轧生产线。近期建设的天津荣程 1100mm 热连轧生产线也将采用全连轧工艺。不难预见的是在国内外竞争日趋激烈的热轧带钢领域，粗轧区的全连轧工艺是常规热连轧生产线的发展趋势和技改目标。这种先进的工艺技术不仅响应了国家节能降耗实现绿色化制造的要求，还将为钢铁制造企业提供更高的自动化水平及更高的产品质量，创造出更多的经济效益，使企业在激烈的市场竞争中立于不败之地。

2 全连续热连轧自动化系统

近年来，全连续热连轧工艺在常规热连轧的推广应用使得机组产量得到了大幅度提升，降低生产能耗的同时也降低了吨钢生产成本。而这些优势均得益于整条轧线的生产节奏得到大幅度加快。如何在生产节奏加快的同时，保证产品的高质量则是轧钢自动化系统解决的一个难题。东北大学轧制技术及连轧自动化国家重点实验室依据全连续热连轧的工艺技术特点，综合考虑轧制过程高度自动化、粗轧微张力多机架协调控制、精轧机组零间歇（或负间歇）轧制等特殊工况，开发了面向全连续工艺条件下的新一代热连轧两级自动化系统。

2.1 自动化系统概述

系统配置的总体原则：先进、可靠、开放、经济、合理。采用先进可靠的工艺、设备和控制，使总体装备达到目前世界先进水平。

2.2 系统配置要求

某 1100mm 热连轧生产线自动化系统在纵向上分为过程控制级（L2 级）、基础自动化级（L1 级）和传动级（L0 级）三级，在横向上分为加热炉区、粗轧区、精轧区（含飞剪）、层冷区、卷取区 5 个区域。

本系统共设置 3 套过程自动化服务器（同时配置 3 套备用服务器），主要功能如下：

（1）粗轧过程模型：负责粗轧机组的压下负荷分配、轧制数学模型及模型自适应等功能。

（2）精轧过程模型：负责精轧机组的压下负荷分配、轧制数学模型及模型自适应等功能。

（3）层冷过程模型：负责层流冷却区冷却数学模型、快冷集管组态设定及模型自适应等功能。

本系统配置数据中心服务器 1 台：用作全线数据中心过程计算机。

本系统共配置两台 HMI 服务器（HMI 采用客户机/服务器结构，服务器冗余设置）主要功能如下：

加热炉、粗轧、精轧（含飞剪）、控冷、卷取 HMI 功能综合。

加热炉区的入炉和出炉控制均采用 S7-300 315-2DP 系列 PLC。主操作台由两套 ET200M 来进行控制。传动系统与 S7-300 PLC 通过 PROFIBUS-DP 网络连接。加热炉操作室配置两台人机界面终端。

粗轧区的主干速度和微张力控制系统采用 S7-400 416-2DP 系列 PLC。粗轧区的 AWC、SSC 控制系统采用 SIEMENS 公司性能最为优异且可支持多 CPU 的控制器—Simatic TDC 控制器。粗轧主操作台由两套 ET200M 来进行控制。传动系统与 S7-400 PLC 通过 PROFIBUS-DP 网络连接。粗轧操作室配置 3 台人机界面终端，分别用来监视粗轧机组压下和速度。

精轧区的主干速度和活套控制系统采用 S7-400 416-2DP 系列 PLC。精轧区的 AGC 控制系统采用 SIEMENS 公司性能最为优异且可支持多 CPU 的控制器—Simatic TDC 控制器。精轧主操作台由两套 ET200M 来进行控制。直流传动系统与 S7-400 PLC 通过 PROFIBUS-DP 网络连接。精轧操作室配置 5 台人机界面终端，分别用来监视精轧机组压下和速度。

层冷区控制采用 S7-400 416-2DP 系列 PLC。层冷区配置一个人机界面终端，分别用来监控层流冷却系统的信息。

卷取机的速度和张力控制采用 S7-400 416-2DP 系列 PLC。两台卷取机的伺服控制采用 SIEMENS 公司可支持多 CPU 的控制器—Simatic TDC 控制器，每台卷取机均采用单独的 CPU551。卷取机主操作台由两套 ET200M 来进行控制。传动系统与 PLC 通过 PROFIBUS-DP 网络连接。卷取操作室配置两台人机界面终端，用来监视卷取区状态。

轧线主电室设置两台人机界面终端，用于全线操作界面的监控。另外，还设置有两台工程师站，用于全线软件程序的监控与维护。

本自动化系统配置与加热炉、连铸、公辅系统的通讯接口，预留与厂级生产控制管理网络的接口。

全连续热连轧自动化系统总图如图 2-1 所示。

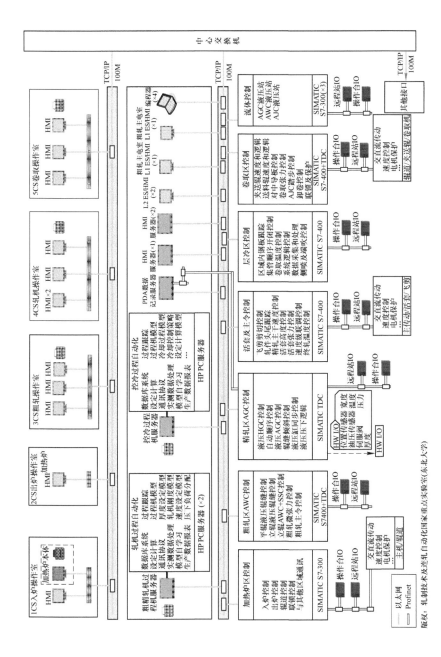

图 2-1　全连续热连轧自动化系统总图

2.3 基础自动化设备

基础自动化系统的配置以满足轧机工艺控制和顺序控制的要求为目标，用来完成液压 AGC、液压 AWC、活套控制、轧线速度控制和现场逻辑控制等。在这里对基础自动化硬件配置作一个简单介绍。

在硬件配置中主要应用到下列组件：

（1）SIMATIC TDC 用来完成液压辊缝控制、厚度控制、宽度控制、凸度控制、卷取踏步控制等高速闭环控制。

（2）SIMATIC S7-400 PLC 用来完成精轧机组主令速度串调、活套高度-张力控制、粗轧机组微张力控制、层冷控制及卷取区的主令和逻辑控制等。

（3）SIMATIC S7-300 PLC 用来完成加热炉区入炉、出炉等设备逻辑控制。

（4）ET200 远程 I/O 用来完成数字量和模拟量的输入输出。

2.4 网络设备

2.4.1 Profibus-DP 网络系统

Profibus-DP 网络系统设备采用 Siemens 公司产品。

为了防止 Profibus-DP 网络产生干扰，在主站与传动首站之间应采用光纤传输，在主站与第一个远程站的两端增加 PROFIBUS 光电转换器。

2.4.2 工业以太网络系统

自动化控制系统采用光纤星型网络拓扑结构、采用 TCP/IP 协议。它可连接各 PLC、工作站及 L2 过程机，使之交换信息。以太网网络设备采用具有极高可靠性的西门子以太网产品。

2.5 过程自动化设备

过程自动化服务器采用美国 DELL 公司 PC 服务器，其基本技术指标不低于：可扩至四路处理器，4MB 三级缓存，800MHz 双独立前端总线，集成

iLO2 远程管理，标配一个内存板，最多支持 4 个，标配 2GB（2×1GB）PC2-3200R 400MHz DDR-II 内存，最大可扩充至 64GB，前端可访问热插拔 RAID 内存，可以配置成标准，在线备用，镜像或者 RAID；内置 Smart Array P400 阵列控制器，256MB 高速缓存，8 槽位 SFF SAS 硬盘笼，支持 8 个小尺寸 SAS/SATA 热插拔硬盘，最多 6 个可用 I/O 插槽，标准 3 个 PCI-Express x4 和一个 64-bit/133MHz PCI-X，可选另两个热插拔 64 位/133MHz PCI-X 插槽，或者 2 个 x4 PCI-Express 插槽，或者 1 个 x8 PCI-Express 插槽，可选 x4-x8 PCI-Express 扩展板；集成两个 NC371i 多功能千兆网卡，带 TCP/IP Offload 引擎，1 个 910W/1300W 热插拔电源，可增加一个热插拔电源实现冗余；6 个热插拔冗余系统风扇；该服务器具有良好扩展能力和高可靠，它适合应用于数据中心或远程企业中心使用。

（1）硬件（选用高可靠性的工业标准 PC Server），基本配置不低于：

CPU：Intel 四核 Xeon 7310 1.6GHz

内存：16G

硬盘：支持 SAS 2.5" 热插拔硬盘，容量为 3×500G，采用 RAID 技术实现数据的保护。

（2）软件：

通用软件；

操作系统：Windows 2008 Server；

数据库：Oracle 10G；

编程软件：VS. net；

TCP/IP 以太网通讯软件。

（3）应用软件：

通讯软件；

跟踪软件；

数据管理软件；

过程设定软件；

实用软件工具（过程模拟仿真、系统调试工具）。

HMI 服务器设备同过程自动化服务器。

2.6 人机交互设备

人机交互设备包括 L2 终端、HMI 操作站（简称 HMI）、工程师站和打印机等。L2 终端、HMI 操作站及工程师站计算机采用 DELL 计算机。

计算机的配置如下（当前流行机型）：

（1）Intel P4 处理器 2.8GHz 以上或者频率更高。

（2）内存 4GB。

（3）500GB 硬盘。

（4）48 倍速光驱，键盘和鼠标，带 USB 口。

（5）10/100M 自适应以太网卡。

（6）22 英寸 LCD。

（7）Windows 操作系统。

2.7 PDA 数据记录设备

本自动化系统配置 3 套德国 IBA 公司的过程数据采集系统 PDA，通过 PROFIBUS-DP 网络和信号采集卡与自动化系统连接，用于轧线生产工艺数据的记录和自动化系统的故障诊断。其中，粗轧和卷取 PDA 系统采集点数为 1024 点，精轧 PDA 系统采集点数为 2048 点。

2.8 检测仪表

轧线检测仪表是自动化系统的基础，是整个轧线的"眼睛"。所以，在目前热轧带钢自动化水平及轧制速度越来越高的情况下，如不采用相应的自动化检测装置和控制技术，不但自动控制无法实现，而且人工操作也很难进行。因此，在现代带钢热轧机的轧线上应该配置比较齐全的各种检测仪表。这些仪表不仅检测生产过程中的各种必要的参数，而且输出检测结果到自动控制系统中进行实时控制。

热连轧线采用的轧线检测仪表主要包括：热金属检测器、冷热金属检测器、激光测速仪、测宽仪、高温计、多功能仪、测厚仪等。

热连轧生产线仪表布置如图 2-2 所示。

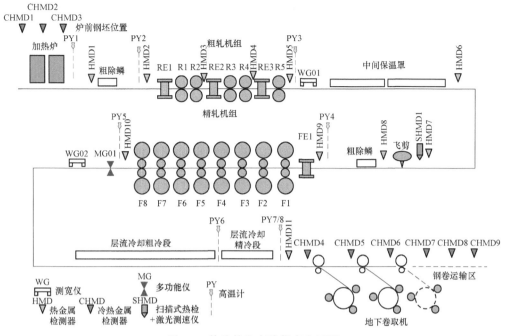

图 2-2 热连轧生产线仪表布置图

3 热连轧过程微张力控制

现代工业的发展，对热轧带钢的厚度和板形控制精度提出了越来越高的要求。由于板带热连轧过程厚度、宽度和板形控制与张力控制有很强的耦合性，因而，连轧过程中稳定的张力控制是板带钢尺寸控制精度提高的基础，是保证产品质量的重要措施。

3.1 无活套微张力控制

全连续热连轧生产过程中，由于粗轧机轧制的带钢较厚，一般不设置机架间活套。由于未设置机架间活套，机架间的张力控制一般通过控制主传动电机的电流来实现。张力的控制直接影响到产品的质量，因此张力控制是带钢热连轧控制系统中最重要的环节之一，尤其对于粗轧全连续机组。张力控制不好会产生两种结果：若轧件所受张力超过一定值，轧件被拉窄，产生缩颈等现象；如果张力低于一定值，就会出现机架间带钢拱起的现象，严重时可能会导致叠轧，并进而出现断辊事故。为了获得高质量的成品，热连轧机必须在无张力的状态下进行轧制。由于在生产过程中，其他的因素如压下量、轧制压力、轧制力矩、轧制速度和前滑等的影响，做到无张力轧制几乎是不可能的，因此，连轧过程中多采用微张力控制。

3.1.1 热连轧无活套微张力控制思想

3.1.1.1 张力的检测

带钢热连轧机工艺要求轧件必须在恒定的微张力状态下进行轧制。因此在连续轧制过程中，必须对相邻两机架间轧件所受张（推）力进行控制，而要控制张力就必须检测张力。张力检测的方法有直接和间接两种。直接测张的方法即为张力计测张法，不仅精度不太高，而且还有许多不便之处，因此一般都采用间接测张法。间接测张法主要有电流记忆法、力臂记忆法和力矩压力比检测法。

电流记忆法检测张力的基本思想是：当 R1 机架咬钢后适当延时（以排除动态速降的影响），检测主传动电流直至 R2 咬钢前时刻，得到 R1 机架的平均电流作为电流设定值 I_{s_1}。待 R2 机架咬钢后将形成 R1 和 R2 连轧，适当延时后采样 R2 机架电流作为与 R3 形成连轧时 R2 机架的电流设定值 I_{s_2}。同时采样 R1 电流瞬时值 I_{i_1} 与设定值 I_{s_1} 进行比较，以此来间接地反映出微张力变化情况。在正常轧制过程中，当 $I_{i_1} - I_{s_1} < 0$ 时，为拉钢轧制；当 $I_{i_1} - I_{s_1} > 0$ 时，为堆钢轧制。

3.1.1.2 微张力控制原理

图 3-1 为微张力控制的原理图。从 R1 咬钢并恢复动态速降时刻开始对其电流进行采样，到 R2 咬钢时刻采样结束，同时计算出采样平均值作为 R1 电流锁定值。在 R2 咬钢并恢复动态速降时开始测量 R1 的实际电流，并将其作为反馈，其偏差信号送入模糊控制器，模糊控制器的输出作为 R1 的附加速度设定。模糊控制器使能的条件是 R2 咬钢，锁定值为 R1 咬钢延时后到 R2 咬钢前间隔内电流的平均值。

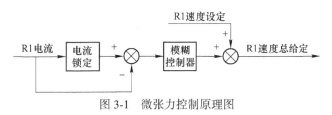

图 3-1 微张力控制原理图

3.1.1.3 无活套微张力模糊控制器的具体设计

为使该系统具有良好的动态品质，这里微张力控制采用二维输入带积分保持的模糊控制器，模糊控制器的输入量分别为电流偏差和电流偏差变化率，输出量为速度调节量。

其控制原理见图 3-2 所示。

A 确定输入输出

在某热轧厂热轧带钢系统中，输入量电流偏差和偏差变化率的可变化范围为

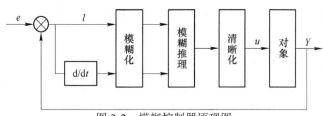

图 3-2　模糊控制器原理图

$-15\% \sim +15\%$，将控制输出即速度调节量的实际物理变化限定为 $-15\% \sim +15\%$。

（1）输入、输出的离散论域：

在输入输出的论域上，均定义有七个基本模糊子集：

$$\{负大，负中，负小，零，正小，正中，正大\}$$

它们用符号表示为：

$$\{NB, NM, NS, ZO, PS, PM, PB\}$$

本系统中，电流偏差 E 和电流偏差变化率 E_c 的离散论域均取为：

$$\{-3, -2, -1, 0, 1, 2, 3\}$$

控制输出即速度调节量 U 的离散论域设定为：

$$\{-3, -2, -1, 0, 1, 2, 3\}$$

（2）转换的比例因子 k：体现实际范围到离散论域转换的是比例因子。偏差转换的比例因子用 k_e 表示，实际偏差 $[-0.15, +0.15]$ 转换到 $\{-3, -2, -1, 0, 1, 2, 3\}$ 的比例因子 $k_e = 0.15/3 = 0.05$。

偏差变化率的比例因子用 k_{ec} 表示，实际偏差变化率 $[-0.15, +0.15]$ 转换到 $\{-3, -2, -1, 0, 1, 2, 3\}$ 的比例因子 $k_{ec} = 0.15/3 = 0.05$。

控制输出转换的比例因子用 k_u 表示，其作用是将解模糊后所得到的控制输出论域上的点转换到实际输出信号的物理范围上。实际速度调节量 $[-0.15, +0.15]$ 转换到 $\{-3, -2, -1, 0, 1, 2, 3\}$ 的比例因子 $k_u = 0.15/3 = 0.05$。

B　定义隶属度函数

本系统中，经过现场的不断调试与摸索，最终将输入变量分成 7 档来进行控制，并且在整个论域上采用梯形不对称分布，数值定义时某一点的隶属函数值由函数计算得出。分别定义电流偏差和电流偏差变化率的隶属度函数如图 3-3 和图 3-4 所示。

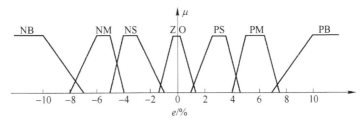

图 3-3 电流偏差的隶属度函数定义

图中对应每个梯形的 4 个顶点坐标见表 3-1。

表 3-1 电流偏差的隶属度函数顶点坐标值

NB	(-20, 1)	(-10, 1)	(-7, 0)	(-7, 0)
NM	(-8, 0)	(-6, 1)	(-5, 1)	(-4, 0)
NS	(-5, 0)	(-4, 1)	(-3, 1)	(-1, 0)
ZO	(-1.1, 0)	(-0.35, 1)	(-0.35, 1)	(1.1, 0)
PS	(1, 0)	(2.5, 1)	(3.5, 1)	(4.5, 0)
PM	(4, 0)	(5, 1)	(6.5, 1)	(7.5, 0)
PB	(7, 0)	(10, 1)	(10, 1)	(20, 1)

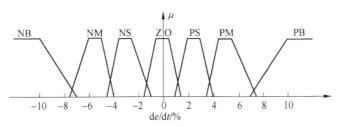

图 3-4 电流偏差变化率隶属度函数定义

图中对应每个梯形的 4 个顶点坐标见表 3-2。

表 3-2 电流偏差变化率的隶属度函数顶点坐标值

NB	(-20, 1)	(-10, 1)	(-10, 1)	(-7, 0)
NM	(-7.5, 0)	(-6, 1)	(-5, 1)	(-4, 0)
NS	(-4.5, 0)	(-3.5, 1)	(-2.5, 1)	(-1, 0)
ZO	(-1.5, 0)	(-0.5, 1)	(0.5, 1)	(1.5, 0)
PS	(1, 0)	(2, 1)	(3, 1)	(4, 0)
PM	(3.5, 0)	(4.5, 1)	(5.5, 1)	(7.5, 0)
PB	(7, 0)	(10, 1)	(20, 1)	(20, 1)

3.1.1.4 规则库的设计

初步建立一套无活套微张力的模糊控制规则，并在实际的摸索和调试中，调整、确定了适合无活套微张力的模糊控制规则，如表3-3所示。

其中，e 为微张力电流偏差量化值；e_c 为微张力电流偏差变化率量化值；u 为输出附加速度的量化值。

表3-3 模糊控制规则

u		e						
		−3	−2	−1	0	1	2	3
e_c	−3	−3	−3	−3	−2	−1	−1	0
	−2	−3	−3	−2	−1	−1	0	1
	−1	−3	−2	−1	−1	0	1	1
	0	−2	−1	−1	0	1	1	2
	1	−1	−1	0	1	1	2	3
	2	−1	0	1	1	2	3	3
	3	0	1	1	2	3	3	3

3.1.1.5 解模糊策略

这里为简化计算，将输出量的隶属度函数定义成离散化的单点集形式，故而采用单点集重心法。

重心法公式：

$$u^* = \frac{\sum_{i=1}^{7}(u_i \mu_i)}{\sum_{i=1}^{7}\mu_i} \qquad (3-1)$$

式中　u^*——清晰化输出量；

　　　u_i——输出变量；

　　　μ_i——模糊集隶属函数。

通过解模糊后，得到的是一个精确的输出。对于离散论域的情况，解模糊结果不一定正好是控制论域上的点。有两种方法可以处理这种情况：一种是按靠近原则取最接近的论域上的点作为解模糊结果；另一种是直接取计算出的数值，它虽不是 $-n$ 和 n 之间的整数，但它属于 [$-n$, n] 范围。本控制器采用后一种方法。

将解模糊结果经量程转换后，得到实际的控制信号，以此信号控制被控对象。

3.1.1.6 速度级联控制

为保持相邻轧机间的速度关系，轧机速度的调节采用逆向级联调速，即控制各机架的前张力。

由于是多机架连轧，当 R1、R2、R3 连轧时，为使 R2 和 R3 之间具有合适的微张力，将必然调节 R2 速度，同时需逐渐移到 R1 上。但此时如果调节后张力改变 R1 速度又将影响到 R2 的电流，进而可能会破坏 R2 和 R3 之间的微张力平衡关系，严重时会导致系统控制失败，故采用速度级联控制。即当 R2 咬钢时调 R1 的速度，并使微张力达到设定值，一旦 R3 咬钢时，停止调节 R1 速度，此时调节 R2 速度并逐渐移到 R1 机架，保证 R2 和 R3 之间的微张力达到设定值。而 R1 和 R2 之间的微张力已由前面的调节保证了。依此类推，便可达到微张力控制的目的，并且大大提高了控制的稳定性和适应性。

速度逐移公式：

$$\Delta V_i = \sum_{j=i}^{2} \frac{V_i}{V_{j+1}} \Delta V_{j+1} \quad (i = 1, 2, 3) \tag{3-2}$$

式中　　ΔV_i——第 i 机架速度调节量；

　　　　V_i——第 i 机架速度瞬时值；

　　　　V_{j+1}——第 j+1 机架速度瞬时值；

　　　　ΔV_{j+1}——第 j+1 机架速度调节量。

3.1.1.7 微张力控制的程序框图

微张力控制的程序框图如图 3-5 所示。

3.1.2 控制效果

考虑到实际生产中，由于轧件的头尾温差所致，各架轧机的实际电流值是逐渐升高的，因此，在对电流的采样值进行锁定之后，在微张力的调节过

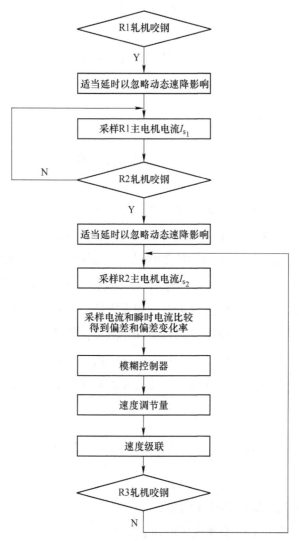

图 3-5　R1~R2 间微张力控制程序框图

程中，使该电流锁定值以一定斜坡步距上升，这样更接近实际的轧制情况。

　　在现场调试时，分别采用了 PID 控制和模糊控制两种方案，并对其控制结果进行比较。图 3-6 和图 3-7 是根据现场记录的数据绘制的 R2—R3 机架间的微张力趋势图。

　　从图中可以看出，在 R3 机架咬钢时，R2 机架电流会突然上升，原因是由于存在动态速降，但控制器会立即产生调节作用，使 R2 机架电流回到设定值。比较两幅图可知，在采用 PID 控制方案时，由于速度斜坡的存在，使得

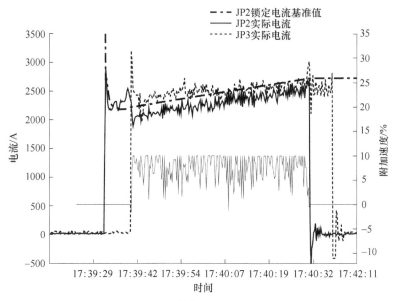

图 3-6　PID 控制时微张力趋势图

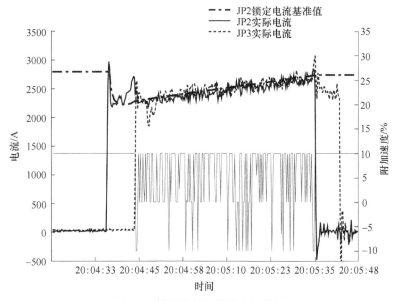

图 3-7　模糊控制时微张力趋势图

速度调节量不能很快附加到 R2 机架的主干速度上，因此实际电流与锁定基准电流之间的偏差较大；但采用模糊控制方案调节微张力时，R2 的电流实际值与锁定基准值吻合较好。通过曲线不难看出，模糊微张力控制方法克服了传统的 PID 方法超调量大、调节时间长和跟随性差等缺点，收到了良好的控制效果。实践证明，电流采样时进行适当的数字滤波，以及准确地选取电流偏差死区与饱和区的范围都可以提高控制精度。当模糊控制器的速度限幅为 10%时，能得到最好的控制效果。

3.2 活套微张力控制

精轧机组各机架之间设有活套支持器，其控制作用包括以下几个方面：

（1）检测相邻机架间的带钢长度。在微张力连轧时，活套辊紧贴带钢，即使带钢长度只发生微小的变化，活套也能检测到。通过检测活套臂的角度，通过计算，就可知道此时带钢的长度，因此，活套是一个很灵敏的带钢长度检测器。

（2）缓冲金属流量的变化。给控制调整以时间，并防止成叠进钢，造成事故。

（3）调节各机架的轧制速度以保持连轧常数。实际轧制中，有多种因素会导致上游机架的出口速度同下游机架的入口速度不相等，即机架间金属秒流量不相等。活套检测到套量与设定值的偏差，就会发出调节信号，对上游各机架的速度进行快速调整，使金属秒流量重新达到平衡，保持连轧常数。

（4）实现小张力恒定控制。轧制过程中，活套辊能顶起并绷紧带钢，使机架间的带钢之间形成恒定的小张力，防止因张力过大引起带钢拉缩，造成宽度不均甚至拉断。最后几个机架间的活套支持器，还可以调节张力，以控制带钢厚度。这些都可以通过活套机构传动装置本身的"恒张力调节器"来完成。

与活套系统实现恒张力、小套量的基本控制功能相对应，板带热连轧机活套控制主要包括两个方面：高度控制和张力控制。在控制过程中，除基本的控制方法之外，还涉及相关参数的计算，如：活套套量与活套角度的关系，活套电机的力矩等。

另外，现代科学技术的进步，比如高性能计算机、高精度传感器的出现等，使得过程更复杂、然而控制性能更好的控制模型的实现成为可能。热轧产品高精度的实现，对活套高度-张力控制系统的稳定性提出了新的更高的要求，而常规的活套控制系统此时已难以满足这些要求。基于该背景，针对活套控制研究出具有补偿性能的高性能活套高度和张力解耦控制系统具有重要意义。

3.2.1 活套高度控制系统

3.2.1.1 活套高度控制原理

活套高度的控制是通过控制上游机架主传动的速度来实现的。以某一设定的活套高度 θ 为基准，通过调节上游机架主电机速度，来维持活套量恒定。传统的活套控制系统中，由主传动速度控制系统及活套机构的套量信号（活套辊转角信号）组成活套高度闭环控制系统。上游机架出口和下游机架入口速度差的积分决定了活套量的大小，轧制过程中，当工艺参数（如辊缝波动、来料温度、其他控制系统的干扰等）发生变化，导致该速度差发生变化时，活套高度偏离基准值，此偏差用来调节上游机架的速度。

现代带钢热连轧机一般用其活套量变化的信号去调节上游机架主传动的速度，而不调节下游机架的速度。这是因为现代带钢热连轧机一般采用加速轧制的方式，且其末架轧机与卷取机之间有一定的速度配合关系，而卷取机采取张力卷取，并且末架为成品架，为保证产品质量，不希望轧制速度频繁变化。因此以精轧机组的末架为基准架，调节上游机架的速度，将多余的套量信号往炉子方向赶，即所谓的逆调。

3.2.1.2 活套高度控制系统的组成

活套高度控制原理框图如图 3-8 所示。它主要由活套高度基准环节 Ⅰ、活套高度检测环节 Ⅱ、活套高度控制环节 Ⅲ 和控制对象 Ⅳ 四部分组成。因活套高度系统闭环控制时，活套张力控制系统为电流闭环工作，响应快，活套支持器贴紧带钢，θ 角检测无滞后，可以忽略活套张力控制系统的惯性。

A 活套高度基准环节 Ⅰ

活套高度基准的设定可以分别由手动和计算机设定。活套量偏差增长快慢是与速度偏差的积分成正比，而与活套摆角偏差的积分成非线性关系。所

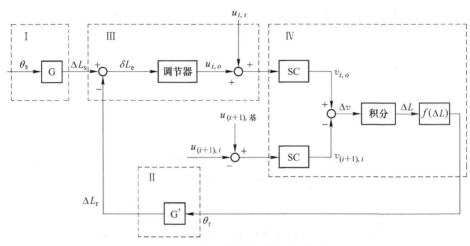

图 3-8　活套高度控制系统原理框图

以不能直接用活套角度 θ 作为高度基准，而应将 θ_s 经函数变换器 G 变换而得活套量 ΔL_s。

当选用手动设定时，可由操作工通过人机界面 HMI 直接输入活套设定角度。当选用计算机设定时，应先将由实践总结出来的活套高度标准目标值存入计算机存贮器内，然后调用数据库或由精轧过程机直接设定。对于不同的带钢厚度，热连轧机其活套高度的目标值也不尽相同。

B　活套高度检测环节 II

活套高度检测环节 II。活套高度闭环控制中，还必须有反映实际轧制过程中活套辊摆角的实际值 θ_r。θ_r 由安装在活套支持器传动装置上的活套辊摆角位置检测器（如光电编码器或电位器）检测而得，经函数变换器 G，变换成实际套量。

相邻两机架的贮备的活套量 ΔL 可以由两个前、后机架的带钢速度差的时间积分来求得：

$$\Delta L = \int \Delta v\,\mathrm{d}t = \int (v_{i,\,o} - v_{(i+1),\,i})\,\mathrm{d}t \tag{3-3}$$

式中　$v_{i,\,o}$——第 i 机架出口线速度；

$v_{(i+1),\,i}$——第 $i+1$ 机架入口线速度。

对式（3-3）进行拉氏变换，得

$$\Delta L = \frac{1}{s}\Delta V = \frac{1}{s}(V_{i,\,o} - V_{(i+1),\,i}) \tag{3-4}$$

C 活套高度控制环节 Ⅲ

活套高度调节器以 $\delta L_e = \Delta L_s - \Delta L_r$ 为输入信号。当输入信号有偏差时，为使系统能迅速进行控制，应采用比例调节，而追求高精度应采用积分调节，所以活套高度控制环节采用比例 - 积分（PI）调节器。当调节器输入端有活套量偏差信号 δL_e 作用时，其输出端的电压信号 $U_{i,\,o}$ 发生变化，与第 i 机架的速度基准 $U_{i,\,s}$ 进行累加，输出一个速度控制信号，通过第 i 机架主电机的速度控制装置改变第 i 机架的速度，来消除 δL_e 或将它控制在一定的范围之内；若 $\delta L_e = 0$，则 $U_{i,\,o}$ 没有变化，第 i 机架仍按原来的速度运行。

D 控制对象 Ⅳ

控制系统的对象是主电机、机架间带钢和活套支持器，通过改变第 i 机架主电机的速度来改变活套长度，从而改变活套支持器的高度。可把控制对象当成一个惯性加积分的环节来处理。

3.2.1.3 活套套量计算的数学模型

热轧系统中，活套套量不能用直接测量的方式进行测量，只能通过活套支持器的摆角间接求得。因此套量计算数学模型的选择决定了活套高度控制系统的控制质量好坏。套量模型选择时需要兼顾模型精度和模型实现复杂程度两个方面。

A 活套套量理论公式

活套几何尺寸图如图 3-9 所示。图 3-9 中，L_1、L_2、L_3、R、r、θ_0 均为已知数。在忽略活套辊弧面影响的前提下，根据图 3-9 所示的几何关系，可得套量 ΔL 与活套支持器 θ 的函数关系为：

$$\Delta L = BA + AC - BC = BA + AC - L_1 \tag{3-5}$$

$$BA = \sqrt{(R\sin\theta - L_3 + r)^2 + (L_2 + R\cos\theta)^2} \tag{3-6}$$

$$AC = \sqrt{(R\sin\theta - L_3 + r)^2 + (L_1 - L_2 - R\cos\theta)^2} \qquad (3\text{-}7)$$

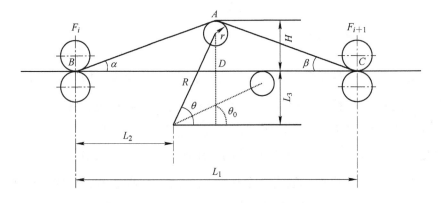

图 3-9 机架间活套几何尺寸图

θ_0—活套支持器机械零位角度；θ—活套支持器工作角度；

R—活套支持器支臂长度，mm；L_1—相邻机架间的距离，mm；

L_2—活套支持器支点到上游机架中心线的水平距离；

L_3—活套支持器支点至轧制平面的高度，mm

B 活套套量工程计算

在实际的工程实现中，上式显得比较复杂，因此在实际应用中，需要进行近似处理。常用的近似方法有平方近似法、等腰三角形近似法和分段直线近似法。

a 平方近似法

如果 θ 在 θ_0 和 θ_{max} 之间取值，则：

$$\Delta L = K(\theta - \theta_0)^2 \qquad (3\text{-}8)$$

式中，$K = K_1 \dfrac{\Delta L_{max}}{(\theta_{max} - \theta_0)^2}$ 为常数，这个数须在调试中确定。θ_{max} 为活套高度控制允许的最大工作角，θ_0 为活套臂机械零位，两者单位是 "°"，均是已知数；ΔL_{max} 为活套支持器在 θ_{max} 时的套量，单位是 mm，可以通过计算获得。

b 等腰三角形近似法

可将三角形 ABC 看成等腰三角形，即：BA = AC。

得等腰三角形近似计算法的套量模型：

$$\Delta L = 2\sqrt{(R\sin\theta - L_3 + r)^2 + \left(\frac{L_1}{2}\right)^2} - L_1 \tag{3-9}$$

等腰三角形近似法的误差小于平方近似方法，因此，用等腰三角形法更能满足活套高度控制系统的精度要求。以某热轧厂活套高度控制系统为例，该套系统经常使用的设定高度为20°，在这个高度上，等腰三角形的套量计算误差是0.25%，而平方近似法的套量计算误差高达12.63%。另外，平方近似计算法虽然简单，但由于不同的机架需确定不同的 K 值，因此增加了调试的难度，而等腰三角形近似法调试比较简单方便。

c 多项式回归法

在实际工程应用中，我们还可采用分段线性化近似处理或多项式回归法。既简化运算，又提高精度。图 3-16 是由理论公式（3-5）计算出的某厂窄带钢热连轧机活套量与活套辊摆角的关系曲线。计算时，式（3-5）中各参数的具体数值为：

$$L_1 = 2200\text{mm} \qquad L_2 = 730\text{mm}$$
$$L_3 = 95\text{mm} \qquad R = 260\text{mm}$$
$$r = 35\text{mm} \qquad \theta_0 = 13.33°$$
$$\theta_{\max} = 64.67° \qquad \theta_{\min} = 13.33°$$

针对图 3-10 所示的曲线作了分段线性化近似处理，经过线性处理的曲线与由式（3-6）计算所得的曲线几乎完全吻合，因此，检测活套长度的效果要比前两种近似方法更好。实际运行表明，经过线性处理后的曲线不但使活套

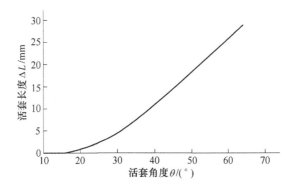

图 3-10 活套摆角与活套量的关系

长度检测的精度明显提高，而且程序的执行速度也大大加快，提高了系统的响应能力。

3.2.2 活套张力控制系统

3.2.2.1 小张力连轧的建立过程

轧件在两架连轧机上形成小张力连轧，要经过两个阶段。这两个阶段包括：（1）咬入阶段——固定套量的产生；（2）小张力连轧的建立阶段——固定套量的排出。

A 咬入阶段——固定套量的产生

轧钢机主传动电机因轧辊咬入轧件，受到突加负荷，产生动态速降 Δn_d，其值为 $(2\% \sim 3\%)n_0$，n_0 为空载转速，这是每一个电机固有的特性。主传动速度调节系统在收到动态速降的信号后，加快了主电机的上升速度，使动态速降迅速恢复，恢复时间 t_d $0.3 \sim 0.5$s（t_d 称为动态速降的恢复时间）。主传动速度调节系统在恢复动态速降之后，不能到达咬钢之前的空载转速。因为电机在负荷下工作，必定有一静态速降 Δn_0（$0.5\% n_0$）。动态速降形成了一个固定的套量（简称固定套量，用符号 Δl_d 表示）。这个固定套量产生在 F_i 与 F_{i+1} 之间，是在 F_{i+1} 轧机咬钢后 $0.3 \sim 0.5$s 的时间内形成的。

动态速降所形成的固定套量是不能消失的，它是热连轧中多余的一部分金属流量。因为在下游方向的轧机恢复到静态后，维持了两架之间的秒流量恒等关系，已经产生的固定套量就永远存在于两机架之间，直到用活套位置调节系统进行控制，才能把固定套量排除到上游方向的轧机之外去。这样，固定套量的计算就非常重要。如果固定套量太大了，就可能产生"失张"状态，即活套辊支持不到带钢下面，这时活套位置调节系统就不可能投入工作。

B 小张力连轧的建立阶段——固定套量的排出

在活套位置调节系统及主电机速度调节系统相继投入工作后，使固定套量排出去，然后建立起正常的小张力连轧过程，其中间的过程如下：

（1）活套辊抬起：在下游轧机咬入带钢的瞬间，起套信号输入到活套装置，使活套辊迅速抬起，抬起的时间约为0.5s。

（2）小张力连轧的建立：一般来说，固定套量的产生总是要比活套辊抬起的速度要快，因此在活套辊升起至平衡位置之后，带钢的位置已在平衡位置之前了。这样活套需要继续追随带钢的位置，直到活套辊追上带钢，这种活套辊紧追带钢不放的特性，称为活套的追随性。从活套辊启动到追上带钢，建立张力的时间约为1s。

（3）固定套量的排出：活套辊追上带钢建立起张力，并不等于建立了稳定的连轧。因为到此为止，由动态速降所产生的固定套量并没有被排除掉，它仍然存在于前后两机架之间。稳定连轧是在恒张力连轧建立之后。稳定连轧的实现，必须由位置调节系统投入工作，把固定套量排走。

带钢建立张力后，活套位置调节器与主传动速度调节的闭环系统投入工作。在某一位置建立张力时，活套位置调节器给出位置误差信号，主传动调节系统接受位置偏差信号转换成调节速度的参考量，使上游方向的轧机减低速度，减少进入该轧机的秒流量，这样就把该轧机的原存的活套量排走了。当固定套量排出后，上游轧机仍需要恢复正常速度，以维持两架之间的秒流量相等，以后的秒流量恒定关系依靠活套调节与主传动调速系统的闭环调节。这样就完成了微套量、恒张力的连轧轧制过程。

3.2.2.2 活套张力自动控制

活套的张力控制是通过驱动活套机构的电机电流来控制的，一个完整的活套高度和张力（电流）控制系统的框图如图3-11所示。

活套张力控制实质是控制活套电机的电流基准，分为起套、调节、落套三个阶段：

（1）起套过程：活套辊需尽快升起并张紧带钢形成稳态轧制所需的微张力。所以，接收到起套信号后，活套电机应以较大的固定电流（即固定的加速度）在较短的时间内抬至活套高度并张紧带钢。

（2）调节过程：起套过程结束后，即进入稳定的小张力连轧阶段。此时，电流基准由起套时的大电流切换到恒张力控制的电流。稳态时，控制活套所需的活套电机力矩在不考虑系统动态力矩的情况下包括两个部分：一是

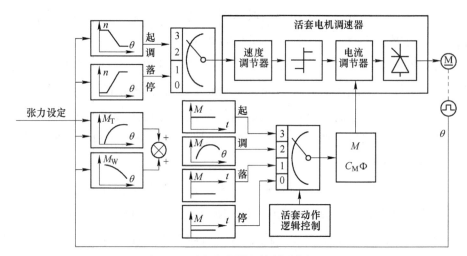

图 3-11 活套张力详细控制系统框图

活套辊给予带钢张力所需的力矩；二是重力力矩。重力力矩包括机架间带钢重量产生的力矩和活套辊及框架自身重量产生的力矩。

活套电机力矩是活套辊摆角 θ 和张力 T 的函数，而且活套量与活套摆角也成函数关系。在实际的轧制过程中，若活套电机的传动力矩不变，则带钢张力就会随活套角的波动而变化。即 θ 小时，张力大；θ 大时，张力小。所以，要保证张力不变，需使活套电机的力矩随 θ 角的变化按一定公式变化才行。

（3）落套过程：活套电机接收到落套信号后，电流基准由恒张力控制的电流基准切换到落套电流基准，活套电机反转落套，时间也要求在 1s 左右的时间内。落套后，电流基准切换到停止电流基准值，使活套辊回到机械零位。

3.3 活套高度-张力解耦控制系统

热连轧机活套高度和张力的控制系统就是一个双输入双输出的耦合系统。活套高度的变化会影响机架间带钢张力，带钢张力的变化对活套高度也有一定影响。用一般的反馈控制方法难以消除它们之间的相互影响。采用解耦控制方法，可以较好地消除两者的相互干扰，使张力的控制精度进一步提高。

3.3.1 活套多变量控制系统

活套控制系统一般包括活套高度控制和张力控制两部分。传统的张力控制是通过控制活套电机的转矩，使活套臂升高到轧制线以上并与带钢接触而保持张力恒定。电流内环按电流给定 I_g 进行 PI 调节，直接控制活套电机转矩，并消除负载扰动。

由于活套位置 θ 与张力之间不是线性关系，即活套电机不按恒转矩工作，因此，电流给定值 I_g 应根据实际角度经运算得出。其关系为：

$$\boldsymbol{M} = \boldsymbol{M}_\mathrm{T} + \boldsymbol{M}_\mathrm{W} \qquad (3\text{-}10)$$

式中，$\boldsymbol{M}$ 为活套支持器产生的力矩；$\boldsymbol{M}_\mathrm{T}$ 为带钢力矩，$\boldsymbol{M}_\mathrm{T} = f_\mathrm{T}(\theta)$；$\boldsymbol{M}_\mathrm{W}$ 为活套装置重力矩，$\boldsymbol{M}_\mathrm{W} = f_\mathrm{w}(\theta)$。

活套高度控制要求在轧制过程中保持一定的套量。活套高度控制系统作为主轧机速度控制的外环，与主机速度控制系统一起形成闭环控制。

由此可见，活套高度控制系统的输出 θ 影响张力输出 σ；反之，θ 也受张力波动的影响。也就是说活套控制系统是一个典型的二输入二输出的 MIMO 耦合系统。

3.3.1.1　活套支持器的线性化模型

活套支持器位于热带钢轧机两相邻机架之间，根据对传统活套机构运动的分析，可得出：

（1）相邻两机架间的套量由 F_i 与 F_{i+1} 的速度差的积分确定，即

$$\Delta l = \int (v_{i+1} - v_i)\,\mathrm{d}t \qquad (3\text{-}11)$$

式中　　v_{i+1} —— F_{i+1} 机架带钢速度；

$\quad\quad\ v_i$ —— F_i 机架带钢速度。

（2）机架间带钢张力取决于机架间带钢的伸长量。

（3）活套电机提供力矩 $\boldsymbol{M}$，用以维持机架间带钢张力，支撑带钢和活套机构自重。

上述关系中的各量还与活套机构尺寸、轧制条件等有关。因此在活套工作基准点附近，活套多变量解耦控制投入运行。从活套支持器的基本运动关系出发，推导出其在基准点附近的线性化数学模型，如图 3-12 所示。

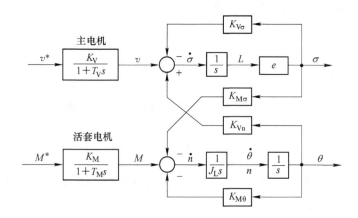

图 3-12 活套支持器的线性化模型

$$\dot{\sigma} = e(-K_{V\sigma} \cdot \sigma + K_{V\theta} \cdot \theta + v) \tag{3-12}$$

$$\dot{n} = \frac{1}{J_L}(-K_{M\sigma} \cdot \sigma - K_{M\theta} \cdot \theta + M) \tag{3-13}$$

$$\dot{\theta} = n \tag{3-14}$$

$$e = \frac{E}{L_0} \tag{3-15}$$

式中 E——带钢弹性模量，N/mm^2；

L_0——标准活套长度，mm；

J_L——活套支持器的惯性力矩，$N \cdot m^2$；

M——活套力矩，$N \cdot m$；

K_V——速度调节器等效比例系数；

K_M——张力调节器等效比例系数；

$K_{M\theta}$——力矩常数，$K_{M\theta} = \dfrac{\partial M}{\partial \theta}$；

$K_{M\sigma}$——力矩常数，$K_{M\sigma} = \dfrac{\partial M}{\partial \sigma}$；

$K_{V\theta}$——套量常数，$K_{V\theta} = \dfrac{\partial v}{\partial \theta}$；

$K_{V\sigma}$——转差常数，$K_{V\sigma} = \dfrac{\partial v}{\partial \sigma}$。

图 3-12 所示模型是一个二维多变量系统，在该模型中，轧机主电机和活套电机分别被等效成一个一阶惯性环节。系统用活套电机的力矩和 F_i 机架的轧制速度作为控制参考输入量，系统的频率响应矩阵为：

$$\begin{bmatrix} \sigma(s) \\ \theta(s) \end{bmatrix} = G(s) \begin{bmatrix} v^*(s) \\ M^*(s) \end{bmatrix} \tag{3-16}$$

式中　$G(s)$——系统的传递函数矩阵；

　　　$\sigma(s)$——带钢张应力实际值；

　　　$\theta(s)$——活套高度（角度）实际值；

　　$v^*(s)$——活套高度调节主机速度附加值；

　　$M^*(s)$——活套张力调节活套力矩设定值。

3.3.1.2　活套控制系统的传递函数

根据多变量传递函数的推导方法，可以推导出 $G(s)$ 为：

$$G(s) = \frac{D(s)}{d(s)} \tag{3-17}$$

$$D(s) = \begin{bmatrix} d_{11}(s) & d_{12}(s) \\ d_{21}(s) & d_{22}(s) \end{bmatrix} \tag{3-18}$$

式（3-18）中：

$$d_{11}(s) = eK_V(J_L s^2 + K_{M\theta})(T_M s + 1) \tag{3-19}$$

$$d_{12}(s) = eK_M K_{V\theta}(T_V s + 1) \tag{3-20}$$

$$d_{21}(s) = eK_V K_{M\sigma}(T_M s + 1) \tag{3-21}$$

$$d_{22}(s) = K_M(s + eK_{V\sigma})(T_V s + 1) \tag{3-22}$$

$$d(s) = (T_M s + 1)(T_V s + 1)\left[(J_L s^2 + K_{M\theta})(s + eK_{V\sigma}) + eK_{V\theta}K_{M\sigma}\right] \tag{3-23}$$

式中，v^* 是主传动附加速度的参考输入，M^* 是活套电机力矩的参考输入。由上述关系式可知，机架间活套高度 θ 和带钢张力 σ 是一个以 v^* 和 M^* 为输入量的多变量耦合系统。

在这个系统模型中，张力和高度之间的相互影响得到了量化表述，其中的参数都是实际活套支持器的典型数据。

3.3.2 特征轨迹法（CLM 法）

3.3.2.1 特征增益函数和特征频率函数

在线性时不变系统动态系统中，输入变量 $u(t)$ 和输出变量 $y(t)$ 之间，可用状态空间表达式作内描述。即：

$$\begin{cases} \dot{x}(t) = Ax(t) + Bu(t) \\ y(t) = Cx(t) + Du(t) \end{cases} \tag{3-24}$$

式中，$x(t)$ 是 n 维列向量；$y(t)$，$u(t)$ 是 m 维列向量，$A \in R^{n \times n}$，$B \in R^{n \times m}$，$C \in R^{m \times n}$，$D \in R^{m \times m}$。于是，设输出、输入间的传递函数矩阵（又称开环增益矩阵）$G(s) \in C(s)^{m \times m}$ 为

$$G(s) = C(sI_n - A)^{-1}B + D \tag{3-25}$$

它是输入、输出空间的外描述。

在图 3-13 中所示的闭环系统中，参数 k 是整个回路总的增益控制变量。

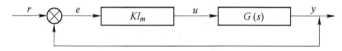

图 3-13 典型闭环系统框图

于是，作为内描述的闭环状态空间表达式为：

$$\begin{cases} \dot{x}(t) = A_c x(t) + B_c r(t) \\ y(t) = C_c x(t) + D_c r(t) \end{cases} \tag{3-26}$$

$$\begin{cases} A_c = A - B(k^{-1}I_m + D)^{-1}C \\ B_c = kB - kB(k^{-1}I_m + D)^{-1}D \\ C_c = (I_m + kD)^{-1}C \\ D_c = (k^{-1}I_m + D)^{-1}D \end{cases} \tag{3-27}$$

作为闭环系统外描述的闭环传递函数阵为：

$$\Phi(s) = [I_m + kG(s)]^{-1}kG(s) \tag{3-28}$$

系统的回差矩阵 $R(s) = I_m + kG(s)$，$R(s) \in C(s)^{m \times m}$ 为：

$$R(s) = I_m + kG(s) = (I_m + kD) + kC(sI_n - A)^{-1}B \tag{3-29}$$

众所周知，开环系统的特征多项式为：

$$\rho_0(s) = \det[sI_n - A] \tag{3-30}$$

闭环系统的特征多项式为：

$$\rho_c(s) = \det[sI_n - A_c] = \det[sI_n - A + B(k^{-1}I_m + D)^{-1}C] \tag{3-31}$$

下面从回差矩阵的行列式出发，可以推导出一些重要关系：

$$\det R(\infty) = \lim_{s \to \infty} \det R(s) = \det[I_m + kD] \tag{3-32}$$

$$\frac{\det R(s)}{\det R(\infty)} = \frac{\det[sI_n - A_c]}{\det[sI_n - A]} = \frac{\rho_0(s)}{\rho_c(s)} \tag{3-33}$$

将式（3-29）和式（3-32）代入式（3-31）中，得到：

$$\frac{\det[sI_n - A_c]}{\det[sI_n - A]} = \frac{\det[I_m + kG(s)]}{\det[I_m + kD]} = \frac{\det[k^{-1}I_m + G(s)]}{\det[k^{-1}I_m + D]} \tag{3-34}$$

令 $g = -1/k$，上式变为：

$$\frac{\det[sI_n - A_c]}{\det[sI_n - A]} = \frac{\det[gI_m - G(s)]}{\det[gI_m - D]} \tag{3-35}$$

若以 $S(g)$ 记 $A_c = A + B(gI_m - D)^{-1}C$，最后得到：

$$\frac{\det[sI_n - S(g)]}{\det[sI_n - S(\infty)]} = \frac{\det[gI_m - G(s)]}{\det[gI_m - G(\infty)]} \tag{3-36}$$

这个关系式通过母矩阵 $S(g)$ 和 $G(s)$ 在复频变量 s 与复增益变量 g 之间建立了对偶关系。通常，称 $S(g)$ 为闭环频率矩阵，它的特征值称为闭环特征频率，它是增益变量 g 的函数；而开环增益矩阵 $G(s)$ 的特征值称为开环特征增益，它是频率变量 s 的函数。

容易看出，当 s 不是 A 的特征值，且 g 也不是 D 的特征值时，$\det[sI_n - S(g)] = 0$ 与 $\det[gI_m - G(s)] = 0$ 是等价的。这表明由作为频率的函数的开环特征增益所给出的信息与由作为增益的函数的闭环特征频率所给出的信息是等价的。可见，有可能用 $G(s)$ 的特征增益谱来确定闭环系统的稳定性。

定义：作为频率的函数的开环特征增益称为特征增益函数，记为 $g(s)$。作为增益的函数的闭环特征频率称为特征频率函数，记为 $s(g)$。

3.3.2.2 广义乃奎斯特（Nyquist）图

闭环频率矩阵的特征方程：

$$\nabla(s,\ g) = \det[sI_n - S(g)] = 0$$

它定义了一个依赖于增益变量 g 的代数函数 $S(g)$，与单输入/单输出系统的情况类似，对应于 Nyquist 周线上每一点的 s 值，做出闭环系统特征多项式的映像曲线。稳定与不稳定区域的边界就是 $S(g) = j\omega$ 所勾画出来的曲线，就是增益曲面上的 $\pm 90°$ 的等相位线，这种曲线称为特征增益轨线，它是经典 Nyquist 图的自然推广，故称为广义 Nyquist 图。

然而由于闭环频率矩阵 $S(g)$ 并未直接给出，常需通过计算才能得到，如果从直接给出的开环增益矩阵 $G(s)$ 出发就能绘制出特征增益轨线，将是有价值的。事实上，如果 g 是 $G(s)$ 的特征值，对应的 s 便是 $S(g)$ 的特征值，这就表明特征增益轨线可以用 $G(s)$ 的 s 沿 Nyquist 周线扫描一周而绘出。因此，可以得到绘制特征增益轨线的一种方法如下：

（1）选择一角频率 ω_1。

（2）计算复数矩阵 $G(j\omega_1)$。

（3）求 $G(j\omega_1)$ 的特征值 $g(j\omega_1)$，它是一复数集合 $\{g_i(j\omega_1)\}$。

（4）在复平面 g 上标出这些数 $\{g_i(j\omega_1)\}$。

（5）对角频率的一组值 ω_2，ω_3，…，重复上述步骤，对各分支进行整理，将标出的各点连成曲线，这就是特征增益轨线。

3.3.2.3 广义 Nyquist 稳定判据

定理：闭环系统稳定，当且仅当：

（1）特征增益轨线不经过临界点 $(-k^{-1},\ j0)$。

（2）特征增益轨线集合围绕临界点 $(-k^{-1},\ j0)$ 的周数等于 $G(s)$ 在右半 S 平面的极点数。

（3）走向无限远的特征增益轨线的分支个数等于 $G(s)$ 在虚轴上的极点数。

（4）开环系统 $(A,\ B,\ C,\ D)$ 不可控、不可观测部分所对应的 A 的特征值均在左半开 S 平面。

3.3.2.4 多变量系统性能分析

A 稳定性

系统的前向传递函数矩阵为:

$$Q(s) = G(s)K(s) \tag{3-37}$$

其相应线性独立的特征向量为 $Y_i(s)$, 它们也是 s 的函数, 故称为特征方向。定义特征方向矩阵为 $Y(s) = [y_1(s), y_2(s), \cdots, y_m(s)]$, 其逆为 $Y^{-1}(s)$, 故 $Q(s)$ 可表示为:

$$Q(s) = Y(s)\,\text{diag}\{q_1(s), \cdots, q_m(s)\}\,Y^{-1}(s) \tag{3-38}$$

其中 $q_i(s)(i = 1, 2, \cdots, m)$ 为 $Q(s)$ 的特征值。

系统的回差矩阵为:

$$
\begin{aligned}
R(s) &= I_m + Q(s) \\
&= Y(s)Y^{-1}(s) + Y(s)\,\text{diag}\{q_i(s)\}\,Y^{-1}(s) \\
&= Y(s)\,\text{diag}\{1 + q_i(s)\}\,Y^{-1}(s)
\end{aligned}
\tag{3-39}
$$

系统的闭环传递函数矩阵为 $Q(s) = Y(s)\,\text{diag}\left\{\dfrac{q_i(s)}{1 + q_i(s)}\right\}Y^{-1}(s)$,

由上式可知:

$$|R(s)| = |\text{diag}\{1 + q_i(s)\}| = \prod_{i=1}^{m} |1 + q_i(s)| \tag{3-40}$$

故:

$$\text{enc}\,|R(s)| = \sum_{i=1}^{m} \text{enc}[1 + q_i(s)] = \sum_{i=1}^{m} \text{enc}_{-1}q_i(s) \tag{3-41}$$

式 (3-41) 表明: 回差行列式的 Nyquist 图逆时针方向围绕原点的周数等于 m 条特征增益轨线逆时针方向围绕关键点 $(-1, j0)$ 的周数之和。

应该指出, 如果把前向传递函数 $Q(s)$ 乘以增益 k, 则关键点应改为 $(-1/k, j0)$。假设开环特征多项式 $\rho_0(s)$ 在右半闭平面内有 n_0 个代数定义零点, 于是可总结出如下定理:

闭环系统稳定的充要条件为:

$$\sum_{i=1}^{m} \text{enc}_{-1}q_i(s) = n_0 \tag{3-42}$$

如开环系统稳定，则闭环系统稳定的充要条件为 $\sum\limits_{i=1}^{m} \text{enc}_{-1} q_i(s) = 0$。

这样闭环系统的稳定性可有 m 条特征增益轨线对 $(-1, j0)$ 的逆时针方向围绕周数来判断，而与 $Y(s)$、$Y^{-1}(s)$ 无关。

B 跟踪精度和抗干扰能力

先研究输出信号 $C(s)$ 跟踪输入信号 $r(s)$ 的能力。

$$C(s) = \Phi(s) r(s) = Y(s) \text{diag}\{\varphi_i(s)\} Y^{-1}(s) r(s) \tag{3-43}$$

在 $s = j\omega$ 下如果有所有的 $|q_i(j\omega)|$ 足够大，则

$$\text{diag}\{\varphi_i(j\omega)\} = \text{diag}\left\{\frac{q_i(j\omega)}{1 + q_i(j\omega)}\right\} \approx I_m \tag{3-44}$$

从而对于角频率为 ω 的正弦输入能准确跟踪。因此，动态跟踪性能和响应速度取决于 $q_i(j\omega)$ 具有较大增益的频率范围能够有多宽。

静态跟踪性能由 $s = 0$ 时的特征增益函数 $q_i(s)$ 决定。如果 $q_i(s)$ 均包含积分作用，则 $\lim\limits_{s \to 0} |q_i(s)| \to \infty$，这时对阶跃输入也能准确跟踪。

假设存在如式（3-45）所示的外干扰 $d(s)$，则由它引起的输出为：

$$C(s) = [I + Q(s)]^{-1} d(s) = Y(s) \text{diag}\left\{\frac{1}{1 + q_i(s)}\right\} Y^{-1}(s) d(s) \tag{3-45}$$

当 $q_i(s)$ 的模足够大，不但能保证精确跟踪，也使系统具有足够强的抗输出端干扰的能力。

C 关联性

要完全消除系统关联较为困难。只能在所研究的频率范围内引入一些相反性质的作用，以尽可能地抵消受控对象的交连，使闭环系统的关联性抑制到最小程度。只有在不同频率段采用不同的方法才能做到这一点。

低频段：只要做到所有的 $|q_i(s)|$ 足够大，就几乎消除了交连，办法之一是使诸 $q_i(s)$ 包含积分作用。

高频段：为了能够保证满足 Nyquist 稳定性准则，或者从功率方面考虑，并非总能使所有 $q_i(s)$ 足够大。另一方面，实用上的 $Q(s)$ 常是严格真的，即其元素随 s 趋于无限大时趋于零。这样，当频率足够高时，$I_m + Q(s) \to I_m$。

可见 $\Phi(j\omega) \to Q(j\omega)$。从而得到了一般性的结论：在高频时 $\Phi(j\omega)$ 的交连本质上与 $Q(j\omega)$ 相同，而不受反馈作用的影响。如果在高频时 $|q_i(s)| \ll 1$，则通过系统的信号传输更微不足道，就不必作什么努力去削弱交连。如果不是这种情况，可参照中频情况的方法处理。

中频段：这时各 $|q_i(j\omega)|$ 大约在 1 附近变化，有两种方法可供利用。

（1）增益平衡法：把各 $\varphi_i(j\omega)$ 凑成相等，即使得：

$$\varphi_1(j\omega) \approx \varphi_2(j\omega) \approx \cdots\varphi_m(j\omega) \tag{3-46}$$

这时闭环传递函数矩阵成为：

$$\Phi(j\omega) \approx Y(j\omega)\varphi_1(j\omega)I_m Y^{-1}(j\omega) = \varphi_1(j\omega)I_m \tag{3-47}$$

这就完全消除了交连。

（2）近似对角化法：使 $Y(j\omega)$ 近似于对角阵：

$$Y(j\omega) \approx \mathrm{diag}\{a_1(j\omega), a_2(j\omega), \cdots, a_m(j\omega)\} \tag{3-48}$$

得：

$$\Phi(j\omega)$$

$$= Y(j\omega)\mathrm{diag}\{\varphi_i(j\omega)\}Y^{-1}(j\omega)$$

$$\approx \mathrm{diag}\{a_i(j\omega)\}\mathrm{diag}\{\varphi_i(j\omega)\}\mathrm{diag}\left\{\frac{1}{a_i(j\omega)}\right\}$$

$$= \mathrm{diag}\{\varphi_i(j\omega)\} \tag{3-49}$$

可见也几乎完全抑制了交连。

D 故障稳定性（整体性）

多变量反馈系统在传感器、误差检测器和执行机构发生故障的情况下，具有高度整体性的充分必要条件是：回比矩阵的所有主子矩阵的特征传递函数都满足 Nyquist 稳定判据。

但是如果要求系统在故障点、数在任意情况下都能保持稳定，这就太过苛刻也不切实际了。通常只检验最易发生的故障情况下的系统稳定性。

3.3.2.5 特征轨迹法设计步骤

（1）高频设计：首先选择一个频率点 ω_h，并设计一个高频实矩阵补偿

器 K_h ，使之逼近于复标架 $G^{-1}(j\omega_h)$ 。其中频率 ω_h 往往可以这样选定，绘制原系统的特征轨迹，并找出它与 $M = 1/\sqrt{2}$ 的等 M 圆交点处的频率值赋给 ω_h 。

（2）中频设计：在某个选定的关键频率 $\omega_m < \omega_h$ 上，对初步补偿的对象 $G(s)K_h$ 设计中频补偿器 $K_m(s)$ 。关于 K_m 的设计方法有两种，一种是使用与高频设计同样的方法。另一种方法是采用关于失配度的概念，使 $G(j\omega)K_m$ 在极小化意义下尽可能接近一个对角的相位矩阵：

$$\boldsymbol{\Theta} = \mathrm{diag}\{e^{j\theta_i}\} \tag{3-50}$$

即 K_m 应是 $\min \parallel G(j\omega)K_m - \mathrm{diag}\{e^{j\theta_i}\} \parallel_2$ 的一个解。

（3）低频设计：在某个选定的关键频率选择 $\omega_l < \omega_m$ ，对经过中频补偿的对象 $G(s)K_hK_m$ ，设计低频补偿器 $K_l(s)$ 。

（4）补偿器的实现：在设计出各个频率段的控制器之后，则总的补偿控制器可写为：

$$K(s) = K_hK_m(s)\left[\frac{\alpha}{s}K_l(s) + I_m\right] \tag{3-51}$$

式（3-51）就为设计出来的总控制器的表达式。它能很好地满足整个频段的要求，在高频段 $K_l(s)$ 不干扰 K_h 的工作，在低频段 K_h 也不干扰 $K_l(s)$ 的工作。

3.3.3 活套多变量解耦控制器的设计

根据以上对特征轨迹法的分析，对某热轧厂热连轧机组的活套与高度张力控制系统进行了解耦。

由工艺参数和设备参数可得，活套控制系统传递函数中的各参数为：

$$K_{V\sigma} = 0.3586 \qquad T_V = 0.0885\mathrm{s} \qquad e = 73.4735 \qquad K_{V\theta} = 0.2631$$

$$K_V = 1 \qquad K_{M\sigma} = 0.0225 \qquad T_M = 0.0324\mathrm{s}$$

$$J_L = 0.0480 \qquad K_{M\theta} = 0.3428 \qquad K_M = 0.5$$

由此得系统的传递函数 $G(s) = \dfrac{D(s)}{d(s)}$ 为：

$$d_{11}(s) = 1143s^3 + 35267s^2 + 8160s + 251867 \tag{3-52}$$

$$d_{12}(s) = 8554s + 96654 \tag{3-53}$$

$$d_{21}(s) = 536s + 16532 \tag{3-54}$$

$$d_{22}(s) = 442s^2 + 16662s + 131775 \tag{3-55}$$

$$d(s) = s^5 + 59s^4 + 511s^3 + 603s^2 + 4103s + 5579 \tag{3-56}$$

3.3.3.1 原活套系统的特征轨迹及失配度曲线

活套多变量控制系统的传递函数已知，利用 MATLAB 的多变量频域设计工具箱，调用函数 feig（）来求取频域响应矩阵特征值。接着对该函数得出的结果进行进一步处理，得到连续的特征轨迹图形，该功能可以通过调用 csort（）函数来实现。这里 feig（）和 csort（）函数的调用格式分别为：

$$V0 = \text{feig}(w, mf) \quad 或 \quad V1 = \text{csort}(V0) \tag{3-57}$$

式中　w——频率向量；

　　mf——按照 MFD 规则得出的频率响应数据矩阵。

由这两个矩阵则可以返回各个频率下特征值向量构成的矩阵 $V0$，然后由矩阵 $V0$ 调用 csort() 函数就可以依据某种原则由离散点数据构造出连续的数据向量，以使得可以直接调用 plot() 函数来绘制图形。

编写程序 charisticplot.m 画出原活套多变量控制系统的特征轨迹（即广义 Nyquist 曲线）。同时在构造出频率向量之后，调用 MFD 工具箱中的 mvdb（）函数绘制原多变量系统的 Bode 曲线。

图 3-14 给出了原活套控制系统的开环波德图：

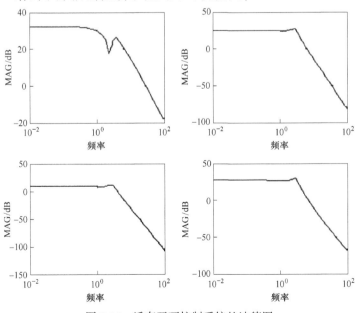

图 3-14　活套开环控制系统的波德图

通过图 3-14 可以看出，第一个输入的增益与第二个输入的增益大体相当，因此不必使用增益平衡技术来补偿原控制系统。

图 3-15 为原活套控制系统的特征轨迹。

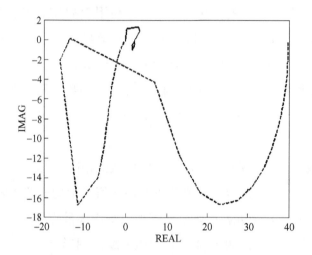

图 3-15　未解耦前活套控制系统的特征轨迹

利用上面求取的频率响应数据 g，调用 $fmislag$（）绘制出原控制系统的失配角度曲线。其语句如下：$mal\ ign = fmisalg$（w，g）；$semilogx$（w，$malign$）。

从图 3-16 中可以看出，控制系统在低-中频率范围内失配角都比较大，故系统存在着强关联。

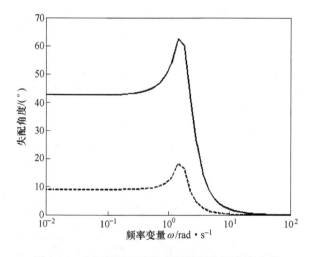

图 3-16　未解耦前活套控制系统的失配角度曲线

3.3.3.2 活套系统解耦控制器的设计

通过上节分析可知，原控制系统在低-中频率范围内失配角比较大，而在高频段时失配角较小。所以控制系统解耦的主要任务是针对低频段、中频段设计出合适的补偿控制器，使得活套高度-张力控制系统的关联性减小。

中频段：选择中频段的一个关键频率 $\omega_m = 6.5$，构造中频控制器 K_m，使之逼近于复标架 $G^{-1}(j\omega_m)$。在实标架 K_m 的设计过程中需要利用近似配正的方法。其算法如下所示：

假设原系统的传递函数矩阵是 $m \times m$ 方阵，系统传递函数可分解为 $G(s) = W(s)\Lambda(s)W^{-1}(s)$。式中，$W(s)$ 矩阵为 $G(s)$ 的特征向量构成的矩阵，$\Lambda(s)$ 为 $G(s)$ 的特征值构成的对角矩阵。若控制器选择为 $K(s) = W^{-1}(s)M(s)W(s)$，其中 $M(s)$ 为对角矩阵，选择可实现的实数矩阵 $A(s)$，$B(s)$，且满足 $A(s) \approx W(s)$，$B(s) \approx W^{-1}(s)$。记 $A = [a_1, a_2, \cdots, a_m]$，这里 a_i 为列向量。假设在某一个 $s = s_0$ 下 $W(s_0)$ 可以写成 $W(s_0) = [w_1, w_2, \cdots, w_m]$，若存在复数标量值 z_i，使得 $a_i = w_i z_i$，则可以在 s_0 处构造出可交换补偿器，这时 $B = A^{-1}$。若定义 $V(s) = W^{-1}(s)$，且记 $V^T(s_0) = [v_1, v_2, \cdots, v_m]$，则 $i \neq j$ 时 $v_j^H a_i = 0$，这时可以根据下式来求取 A 矩阵

$$a_i = \arg \max_{a_i} \frac{|v_i^H a_i|^2}{\sum_{j \neq i} |v_j^H a_i|^2} \tag{3-58}$$

改变 a_i 值，使得指标式取最大值，并将这时的向量 a_i 提取出来，然后根据这样的 m 个向量构造出 A 矩阵。

利用 MATLAB 下 MFD 工具箱中的 align（）函数，求取中频段解耦控制器的结构为：

$$K_m = \begin{bmatrix} 0.1165 & -0.002 \\ 0.0145 & 0.045 \end{bmatrix} \tag{3-59}$$

低频段：选择低频段的一个关键频率 $\omega_l = 1.1$，对经过中频补偿的对象 $G(s)K_m$ 设计低频控制器。与中频段设计控制器方法类似，可求得低频解耦控制器的结构为：

$$K_l = \begin{bmatrix} 1.16 & -0.016 \\ -0.0146 & 0 \end{bmatrix} \tag{3-60}$$

为了满足整个频段的要求，应将中频控制器和低频控制器组合起来。在中频段 K_l 不应干扰 K_m 的工作，在低频段 K_m 不应干扰 K_l 的工作。为此，系统总解耦控制器的结构应为：

$$K(s) = K_m + \frac{\alpha}{s} K_l \tag{3-61}$$

式中，α 为低频段补偿常数，使用试探法确定 $\alpha = 1.0$。

这种组合方式保证了闭环响应的稳态误差为零。

最后可以得到总解耦控制器的结构为：

$$K(s) = \begin{bmatrix} \dfrac{0.1165(s+10)}{s} & \dfrac{-0.002(s+8)}{s} \\ \dfrac{-0.0145(s+10)}{s} & 0.045 \end{bmatrix} \tag{3-62}$$

3.3.3.3　新活套系统的特征轨迹以及失配度曲线

原系统经过控制器 $K(s)$ 解耦之后的特征轨迹及失配度曲线分别如图 3-17、图 3-18 所示。

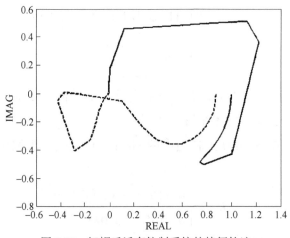

图 3-17　解耦后活套控制系统的特征轨迹

从图 3-17 中可以看出，两条特征轨迹均不围绕临界点 $(-1, j0)$。由于原开环系统没有位于右半平面内的极点且闭环系统是单位反馈。故由广义 Nyquist 稳定判据可知：补偿后闭环控制系统稳定。

对比图 3-17 和图 3-18 不难发现，解耦后控制系统在低-中频段的失配角度大大减小，角度失配最大值不超过 2°。可见解耦后活套高度-张力多变量控制系统的关联性已经十分微弱。

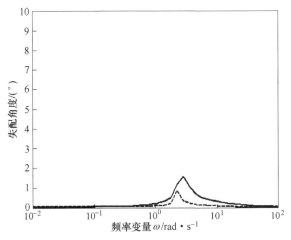

图 3-18　解耦后活套控制系统的失配角度曲线

3.4　活套多变量解耦控制系统仿真

采用 MATLAB 下的系统仿真工具 Simulink 对活套多变量控制系统进行仿真研究，通过仿真给出活套控制系统解耦前后的高度和张力耦合情况的分析。

3.4.1　未解耦前活套角度变化对张力的影响

未解耦前，对活套高度-张力耦合系统进行仿真的结果如图 3-19 和图 3-20 所示，其中带钢张力方向的给定值为零，活套高度（长度）方向上的输入给定阶跃为1mm，仿真时间为20s。活套高度和张应力（$10 \times N/mm^2$）的变化曲线分别如图 3-19 和图 3-20 所示。

从图 3-19、图 3-20 中可以看出，当活套高度方向阶跃信号 1mm 变化时，带钢张力方向上的输出也随之发生变化。张力输出的最大动态值为 0.05（$10 \times N/mm^2$），直到20s 左右的时间输出仍不能自行消除。可见活套高度方向的输入严重影响着活套张力方向的输出。

3.4.2　未解耦前带钢张应力变化对活套高度的影响

取活套高度方向的给定值为零，带钢张力方向上的输入给定阶跃为 1

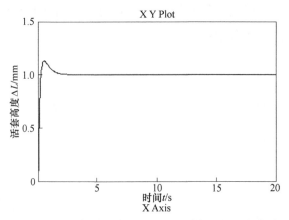

图 3-19 未解耦前活套高度的阶跃附加量的响应曲线

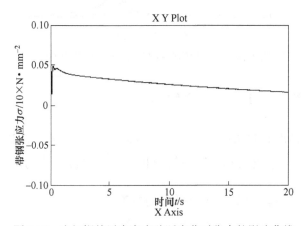

图 3-20 未解耦前活套高度阶跃变化对张力的影响曲线

（$10\times N/mm^2$），仿真时间为20s。活套高度和张应力（$10\times N/mm^2$）的变化曲线分别如图 3-21 和图 3-22 所示。

从图 3-21、图 3-22 中可以看出，当张应力方向的输入为阶跃信号 1（$10\times N/mm^2$）变化时，活套高度方向的输出也随之发生变化，可见张力方向的输入也严重影响着活套高度方向的输出。

以上仿真结果充分说明活套高度和张力之间存在着严重的交连现象。这也正说明了对活套多变量控制系统进行解耦控制的必要性。

3.4.3　解耦后活套角度变化对张力的影响

解耦后，采用 MATLAB 中的系统仿真工具 Simulink，活套多变量解耦控

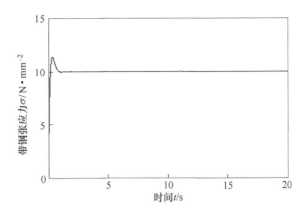

图 3-21　未解耦前带钢张应力的阶跃附加量的响应曲线

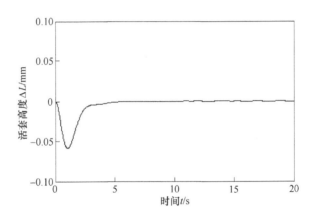

图 3-22　未解耦前带钢张应力阶跃变化对活套高度的影响曲线

制系统的仿真结构框图如图 3-23 所示。其中 $[K11(s)$，$K12(s)$；$K21(s)$，$K22(s)]$ 为解耦补偿矩阵。

　　解耦后的 PID 控制器的参数重新进行了设计，以更好地补偿单一回路的动态性能。

　　解耦后，对活套高度-张力耦合系统进行仿真，其中带钢张力方向的给定值为零，活套高度（长度）方向上的输入给定阶跃为 1mm，仿真时间为 20s。活套高度和张应力（$10 \times N/mm^2$）的变化曲线分别如图 3-24 和图 3-25 所示。

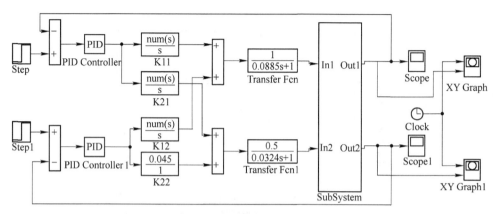

图 3-23 活套高度-张力耦合系统解耦后的仿真框图

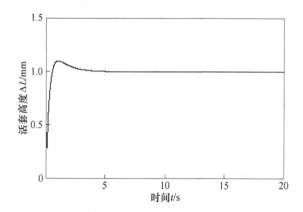

图 3-24 解耦后活套高度的阶跃附加量的响应曲线

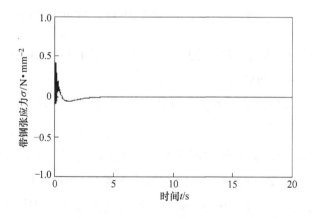

图 3-25 解耦后活套高度阶跃变化对张力的影响曲线

　　从图 3-19、图 3-24 以及图 3-20、图 3-25 的对比中可以看出，解耦后的控制系统在不影响活套高度阶跃响应控制性能的情况下，带钢张力的变化幅度得到了大大抑制，且在不到 2s 的时间内就趋于稳态零值。这说明解耦后活套高度方向的输入对于张力方向的影响可近似忽略不计。

3.4.4　解耦后带钢张应力变化对活套高度的影响

　　取活套高度方向的给定值为零，带钢张力方向上的输入给定阶跃为 1（$10 \times N/mm^2$），仿真时间为 20s。活套高度和张应力（$10 \times N/mm^2$）的变化曲线分别如图 3-26 和图 3-27 所示。

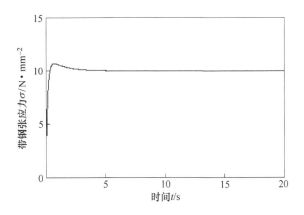

图 3-26　解耦后带钢张应力的阶跃附加量的响应曲线

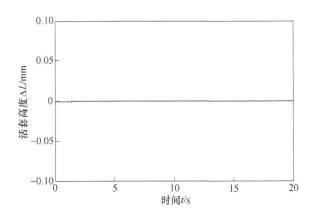

图 3-27　解耦后带钢张应力阶跃变化对活套高度的影响曲线

从图 3-21 和图 3-26 的带钢张力响应曲线可以看出，解耦后张力系统的响应特性变得更好。从图 3-22 和图 3-27 的对比中看出：解耦后的控制系统在带钢张力发生变化时，活套高度的响应曲线能很好地维持在给定值零附近，几乎不受张力方向阶跃输入的影响，说明系统具有十分微弱的关联性。

以上的仿真结果表明，对活套高度与张力多变量耦合系统进行解耦控制之后，可比传统的活套控制系统具有更优越的控制性能和效果。当活套高度发生变化时，带钢张力所受影响比不解耦时小得多，反之，当活套张力发生变化时，活套高度也可以很好地稳定在设定值附近。

3.5 活套高度-张力控制系统实际应用

针对板带热连轧机的活套高度控制系统、张力控制系统以及两者之间的耦合关系的研究，给出了详尽的一整套活套先进控制策略。并已将该活套解耦控制策略用于某热轧厂 750mm 热轧中宽带生产线。

图 3-28 给出了活套角度、活套电流、厚度偏差和宽度偏差的控制效果。

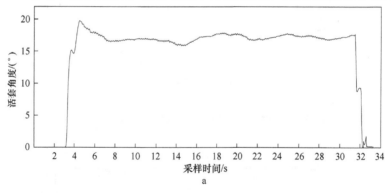

a

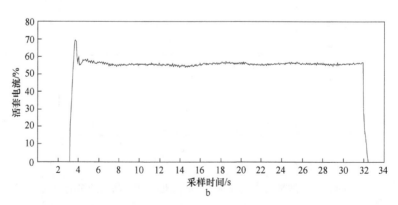

b

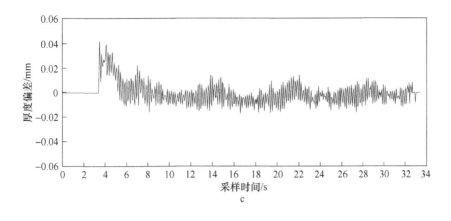

c

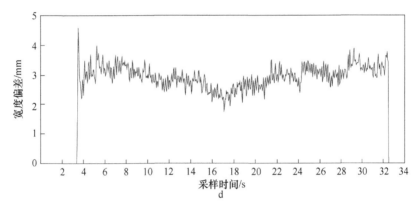

d

图 3-28 活套控制效果图

a—活套角度值；b—活套电流值；c—厚度偏差量；d—宽度偏差量

可以看出，活套角度在±2°范围内波动，活套电流在设定值的±5%波动，带钢厚度和带钢宽度控制效果良好。

4 热连轧厚度控制策略

热轧板带材是钢铁工业中非常重要的产品，广泛应用于各个国民行业。因为带钢热连轧生产的高效率、高经济性，其在轧钢生产中发展的最为迅速，而且也是各种新技术应用最广泛的一个领域，热轧带钢轧机的设备水平和工艺水平在一定程度上反映了一个国家钢铁工业的技术水平。

沿纵向的厚度精度是板带产品重要的技术指标，也是主要的控制目标之一，从生产企业角度来讲，减小产品厚度公差，有利于提高产品成材率；从产品用户角度来讲，高尺寸精度的原料是实现机械化自动化大生产的前提条件，并且提高原料的尺寸精度有利于提高加工质量和生产率。

而现代工业的发展对热连轧带钢的控制精度提出了越来越高的要求，厚度控制策略作为热连轧控制系统的核心一直是轧钢自动化研究的热点。围绕厚度质量的控制主要包括两个方面：一方面是提高轧制过程参数预设定精度。数学模型是计算机对轧制过程进行控制的基本要素，提高预设定精度的关键是建立高精度的轧制过程数学模型并利用自学习进行模型修正。另一方面是使用高精度的在线厚度自动控制系统（AGC）。现代化的热连轧机已经普遍安装了高响应速度的液压压下装置，利用各种 AGC 控制算法和厚度补偿措施来减小带钢厚度偏差。

本章以某热连轧生产线为研究背景，以热连轧精轧区控制工艺为研究对象，结合轧制过程基本方程，建立用于轧制过程特性分析的增量模型，得出了轧制工艺参数间的影响系数，以此为依据确定最优厚度控制策略。

针对计算刚度系数和实际刚度系数之间存在偏差和弹跳曲线的非线性问题，揭示利用基于刚度系数的弹跳方程计算厚度基准存在误差的根本原因，提出了基于由牌坊弹跳特性曲线和机架轧机辊系挠曲特性曲线组成的弹跳特性曲线的机架间厚度计算策略，为厚度计 AGC 提供准确厚度基准，以此为基础建立新型厚度计 AGC，提高厚度计 AGC 工作稳定性和控制精度。提出基于速度和机架间带钢厚度的样本跟踪方式，协调各机架的厚度基准值，得出轧制过程中机架间负荷修正模型，保证了带钢的厚度精度。

研究成果成功地应用于热连轧生产线，实现了控制系统的各项功能，保证了产品的质量。

4.1 热连轧轧制特性分析

热连轧机中一个机架的某个参数发生变化，除直接影响本机架的工作外，还将直接影响其他机架的工作，而最终都会在成品厚度上反映出来。研究各个变量间的影响规律，是设计和改进控制系统所需要的。

连轧过程静态特性分析是以稳态过程为对象，研究在外扰量或调节量的作用下，系统的平衡被破坏后，又建立起新的稳态时各参数变化量之间的关系，是分析连轧机组的综合特性、选择合理的操作规程和控制系统的一种有效方法，常用的静态特性分析方法为影响系数法。

本章利用影响系数法，分析轧制过程中各参数之间的数量关系及外扰量、调节量对机组运行状态的影响，为优化热连轧机组的运行状态和厚度自动控制系统提供了理论依据，并以此确定最优厚度控制策略。

4.1.1 数学模型及其线性化

热连轧过程静态特性分析所需的数学模型包括弹跳模型、轧制力模型、温降模型、前滑模型和机架间的套量模型等。在带钢的热连轧过程中，主要的影响因素有机架入口厚度、出口厚度、温度波动、摩擦系数、辊缝、轧辊速度和材料变形抗力等。上述各模型包含大量理论的或统计的方程式，它们大多数为非线性方程，将其联立成非线性方程组，其求解的计算方法很复杂，计算量极其庞大，而且在研究稳态变化的过程中，由于只对从一个稳态变化到另一个稳态后的结果进行分析，而不注意变化的过渡过程，可以不考虑所有执行机构的动态特性，加上我们感兴趣的是某一扰动量或者控制量变动后其他参量的增量，因此可以采用增量形式的代数方程组，避免求解繁杂的非线性方程组，将非线性方程展开成 Taylor 级数，取其一次项使其线性化后再对其求解，从而使问题得以简化。

弹跳方程可知带钢出口厚度增量形式为：

$$\delta h = \delta S + \frac{\delta F}{K_m} \tag{4-1}$$

其中轧制力为以下变量的函数：

$$F = f(H, \ h, \ T, \ \tau_f, \ \tau_b) \tag{4-2}$$

轧制力公式的增量形式为：

$$\delta F = \frac{\partial F}{\partial H}\delta H + \frac{\partial F}{\partial h}\delta h + \frac{\partial F}{\partial T}\delta T + \frac{\partial F}{\partial \tau_f}\delta \tau_f + \frac{\partial F}{\partial \tau_b}\delta \tau_b \tag{4-3}$$

将式（4-3）代入弹跳方程，合并同类项，经整理后得到以弹跳方程为基础的板厚增量方程为：

$$\delta h = A_S\delta S + A_H\delta H + A_T\delta T + A_{\tau_f}\delta \tau_f + A_{\tau_b}\delta \tau_b \tag{4-4}$$

式中，$A_H = \dfrac{\partial F/\partial H}{K_m - (\partial F/\partial h)}$（$T$，$\tau_f$，$\tau_b$ 与此类同）；$A_S = \dfrac{K_m}{K_m - (\partial F/\partial h)}$。

将弹跳方程代入轧制力增量式，可得：

$$\delta F = B_S\delta S + B_H\delta H + B_T\delta T + B_{\tau_f}\delta \tau_f + B_{\tau_b}\delta \tau_b \tag{4-5}$$

式中，$B_H = \dfrac{K_m}{K_m - (\partial F/\partial h)}\dfrac{\partial F}{\partial H}$（$T$，$\tau_f$，$\tau_b$ 与此类同）；$B_S = \dfrac{K_m(\partial F/\partial h)}{K_m - (\partial F/\partial h)}$。

4.1.2 影响系数计算

热连轧机组参数可以分为扰动量、控制量。

扰动量包括：

（1）来料温度波动或轧制温度波动 δt_i 和硬度波动 δK_i。

（2）来料厚度波动 δH_0 或入口厚度波动 δh_0。

（3）轧机速度及张力波动 δv_{0i} 及 $\delta \tau_i$（$i = 9$）。

控制量包括：

（1）压下位置调节量 δS_i。

（2）轧机速度调节量 δv_{0i}。

目标量：出口厚度变动量 δh_i。

为了静态地分析任何一个扰动量及控制量对任何一个目标量的影响，采用"影响系数" K_a^c 和 K_b^c（下标 a 为控制量、b 为扰动量，上标 c 为目标量）。为了求解各影响系数，根据式（4-4）来建立由目标量、扰动量和控制量组成的静态综合分析用增量数学模型。

由于带钢变形抗力的变化由温度的变动造成，所以厚度方程可以写成：

$$\delta h_i = \Lambda_{Si}\delta S_i + \Lambda_{Hi}\delta H_i + \Lambda_{Ki}\delta K_i + \Lambda_{\tau_{fi}}\delta\tau_{fi} + \Lambda_{\tau_{bi}}\delta\tau_{bi} \tag{4-6}$$

认为活套张力控制系统工作效果良好，张力变化可以忽略，则上式可以省略后两项，即：

$$\delta h_i = A_{Si}\delta S_i + A_{Hi}\delta H_i + A_{Ki}\delta K_i \tag{4-7}$$

考虑热连轧机的特点：

（1）前一架的出口厚度变化 δh_i 即为下一机架入口厚度变化 δH_{i+1}。

（2）前一机架的前张力变化量 $\delta\tau_{fi}$ 即为后一机架的后张力变化量 $\delta\tau_{b(i+1)}$。

当仅研究 δS_i 的影响时：

$$K_{S1}^{h1} = \frac{\partial h_1}{\partial S_1} = \left(\frac{K_m}{K_m - \partial F/\partial h}\right)_1 \tag{4-8}$$

$$K_{S1}^{h9} = \frac{\partial h_7}{\partial S_1} = \frac{\partial h_1}{\partial S_1}\cdot\frac{\partial h_2}{\partial h_1}\cdot\frac{\partial h_3}{\partial h_2}\cdot\frac{\partial h_4}{\partial h_3}\cdot\frac{\partial h_5}{\partial h_4}\cdot\frac{\partial h_6}{\partial h_5}\cdot\frac{\partial h_7}{\partial h_6}\cdot\frac{\partial h_8}{\partial h_7}\cdot\frac{\partial h_9}{\partial h_8}$$

$$= \frac{\partial h_1}{\partial S_1}\cdot\frac{\partial h_2}{\partial H_2}\cdot\frac{\partial h_3}{\partial H_3}\cdot\frac{\partial h_4}{\partial H_4}\cdot\frac{\partial h_5}{\partial H_5}\cdot\frac{\partial h_6}{\partial H_6}\cdot\frac{\partial h_7}{\partial H_7}\cdot\frac{\partial h_8}{\partial H_8}\cdot\frac{\partial h_9}{\partial H_9} \tag{4-9}$$

由式（4-4）可以得出：

$$K_{S1}^{h9} = (A_s)_1\cdot(A_H)_2\cdot(A_H)_3\cdot(A_H)_4\cdot(A_H)_5\cdot(A_H)_6\cdot(A_H)_7\cdot(A_H)_8\cdot(A_H)_9 \tag{4-10}$$

式中，$(A_s)_i = \left(\dfrac{K_m}{K_m - \partial F/\partial h}\right)_i$；$(A_H)_i = \left(\dfrac{\partial F/\partial H}{K_m - \partial F/\partial h}\right)_i$ $(i = 1 \sim 9)$。

由式（4-8）~式（4-10）可以得出：

$$K_{Si}^{hn} = (A_s)_i\cdot(A_H)_{i+1}\cdot(A_H)_{i+2}\cdots(A_H)_n \tag{4-11}$$

因此：

$$\delta h_n = K_{Si}^{hn}\delta S_i \tag{4-12}$$

对来料厚度、硬度波动 δH_1 及 δK_0（将使各机架产生 δK_i）其影响系数为：

$$K_{H0}^{h9} = \frac{\partial h_1}{\partial H_1} \cdot \frac{\partial h_2}{\partial h_1} \cdot \frac{\partial h_3}{\partial h_2} \cdot \frac{\partial h_4}{\partial h_3} \cdot \frac{\partial h_5}{\partial h_4} \cdot \frac{\partial h_6}{\partial h_5} \cdot \frac{\partial h_7}{\partial h_6} \cdot \frac{\partial h_8}{\partial h_7} \cdot \frac{\partial h_9}{\partial h_8}$$

$$= \frac{\partial h_1}{\partial H_1} \cdot \frac{\partial h_2}{\partial H_2} \cdot \frac{\partial h_3}{\partial H_3} \cdot \frac{\partial h_4}{\partial H_4} \cdot \frac{\partial h_5}{\partial H_5} \cdot \frac{\partial h_6}{\partial H_6} \cdot \frac{\partial h_7}{\partial H_7} \cdot \frac{\partial h_8}{\partial H_8} \cdot \frac{\partial h_9}{\partial H_9}$$

$$= (A_H)_1 \cdot (A_H)_2 \cdot (A_H)_3 \cdot (A_H)_4 \cdot (A_H)_5 \cdot (A_H)_6 \cdot (A_H)_7 \cdot (A_H)_8 \cdot (A_H)_9 \tag{4-13}$$

由式（4-13）可以得出：

$$K_{H0}^{hn} = (A_H)_1 \cdot (A_H)_2 \cdots (A_H)_n \tag{4-14}$$

因此：

$$\delta h_n = K_{H0}^{hn} \delta H_0 \tag{4-15}$$

而 K_{K0}^{h9} 由于以下原因将使计算式复杂化：

（1）δK_0 这一段带钢进入每一个机架将会有一个 δK_i（$\delta K_i = \beta_i \delta K_0$）。

（2）δK_i 将使 i 机架产生 δh_i，而 δh_i 又将会影响后面各机架的出口厚度。

$$K_{K0}^{h9} = (\beta A_K)_1 \cdot K_{h1}^{h9} + (\beta A_K)_2 \cdot K_{h2}^{h9} + (\beta A_K)_3 \cdot K_{h3}^{h9} + (\beta A_K)_4 \cdot K_{h4}^{h9} +$$
$$(\beta A_K)_5 \cdot K_{h5}^{h9} + (\beta A_K)_6 \cdot K_{h6}^{h9} + (\beta A_K)_7 \cdot K_{h7}^{h9} +$$
$$(\beta A_K)_8 \cdot K_{h8}^{h9} + (\beta A_K)_9 \cdot K_{h9}^{h9} \tag{4-16}$$

式中，$(A_K)_i = \left(\dfrac{\partial F / \partial K}{K_m - \partial F / \partial h} \right)_i$（$i = 1 \sim 9$）。

由于 δK 一般是由带钢温度变化而造成，所以：

$$\delta K_i = \psi_i \delta t_{FT0} \tag{4-17}$$

由式（4-16）和式（4-17）可以得出：

$$K_{t_{FT0}}^{hn} = (A_K)_1 \cdot (A_H)_2 \cdots (A_H)_n \psi_1 + (A_K)_2 \cdot$$
$$(A_H)_3 \cdots (A_H)_n \psi_2 + \cdots + (A_K)_n \tag{4-18}$$

因此：

$$\delta h_n = K_{t_{FT0}}^{hn} \delta t_{FT0} \tag{4-19}$$

4.1.3 热连轧静态分析实例

4.1.3.1 轧制规程

利用上述理论，对某热连轧机组轧制的情况进行了影响系数计算，轧制规程见表4-1。

表 4-1 轧制规程

规格/mm	H_0	h_1	h_2	h_3	h_4	h_5	h_6	h_7	h_8	h_9
1.5	35	18.01	10.17	6.43	4.49	3.29	2.57	2.1	1.73	1.52
2.5	35	20.88	13.42	9.61	6.98	5.24	4.22	3.48	2.86	2.53
3.5	35	22.58	15.45	11.59	8.94	6.95	5.63	4.71	3.96	3.54
5.0	35	24.37	17.74	13.92	11.22	9.14	7.67	6.52	5.61	5.05

4.1.3.2 影响系数计算

当 δt_{FT0} 为 20℃时各机架温度变化以及 K 的变化计算结果列于表 4-2~表 4-5。由表 4-2~表 4-5 可知，当带钢进精轧前有温度波动时各机架轧制温度基本以同样的百分比产生温度波动。但由于变形抗力模型的非线性，其产生的 $\delta K/K$ 并不是按相同的百分比，相反而是各机架的 δK 基本接近，因此由温度波动造成的硬度波动不能简单地按百分比计算。

表 4-2 $h = 1.5\text{mm}$，$t_{FT0} = 1040℃$，$\delta t_{FT0} = 20℃$时的参数

K	F_1	F_2	F_3	F_4	F_5	F_6	F_7	F_8	F_9
$e/\%$	0.664	0.571	0.458	0.359	0.311	0.247	0.202	0.194	0.129
u_m/s^{-1}	8.81	19.03	45.39	71.37	105.30	134.47	168.37	218.22	220.51
$t+273/℃$	1309.4	1297.3	1274.5	1261.1	1245.8	1228.5	1210.4	1190.4	1170.3
$t'+273/℃$	1290.0	1279.4	1258.7	1246.5	1232.3	1215.9	1198.7	1179.4	1160.0
K/MPa	131.02	154.52	184.9	203	223.84	238.43	262.48	258.57	284.83
K'/MPa	138.87	162.42	192.55	210.4	231.03	245.31	269.31	264.66	291.02
$\delta K/\text{MPa}$	7.85	7.9	7.65	7.4	7.19	6.88	6.83	6.09	6.19

表 4-3 $h = 2.5\text{mm}$，$t_{FT0} = 1040℃$，$\delta t_{FT0} = 20℃$时的参数

K	F_1	F_2	F_3	F_4	F_5	F_6	F_7	F_8	F_9
$e/\%$	0.517	0.442	0.334	0.320	0.287	0.216	0.193	0.196	0.123
u_m/s^{-1}	9.74	17.34	33.61	53.73	77.05	91.86	117.35	155.74	151.50
$t+273/℃$	1310.6	1306.0	1293.1	1286.3	1277.4	1268.2	1258.4	1245.3	1230.7
$t'+273/℃$	1291.7	1288.2	1276.7	1270.7	1262.6	1254.2	1245.1	1232.6	1218.5
K/MPa	111.28	158.16	168.31	180.83	180.94	205.42	228.38	168.16	236.36
K'/MPa	118.18	166.88	176.43	188.72	188.12	212.9	235.98	173.33	243.17
$\delta K/\text{MPa}$	6.9	8.72	8.12	7.89	7.18	7.48	7.6	5.17	6.81

表 4-4 $h = 3.5\text{mm}$，$t_{\text{FT0}} = 1040℃$，$\delta t_{\text{FT0}} = 20℃$ 时的参数

K	F_2	F_3	F_4	F_5	F_6	F_7	F_8	F_9	F_1
$e/\%$	0.438	0.379	0.287	0.260	0.252	0.211	0.178	0.173	0.112
u_m/s^{-1}	9.78	15.86	28.54	40.61	57.14	70.08	85.56	108.04	104.39
$(t+273)/℃$	1314.1	1313.0	1304.9	1301.1	1294.9	1288.8	1281.7	1272.6	1261.9
$(t'+273)/℃$	1295.1	1294.8	1287.8	1284.7	1279.1	1273.7	1267.3	1258.7	1248.5
K/MPa	103.41	146.73	155.6	164.51	166.14	188.68	212.85	142.12	201.82
K'/MPa	109.93	155.12	163.55	172.3	173.4	196.38	220.98	147.21	208.61
$\delta K/\text{MPa}$	6.52	8.39	7.95	7.79	7.26	7.7	8.13	5.09	6.79

表 4-5 $h = 5\text{mm}$，$t_{\text{FT0}} = 1040℃$，$\delta t_{\text{FT0}} = 20℃$ 时的参数

K	F_2	F_3	F_4	F_5	F_6	F_7	F_8	F_9	F_1
$e/\%$	0.362	0.318	0.242	0.216	0.205	0.175	0.162	0.150	0.105
u_m/s^{-1}	10.22	15.20	25.53	33.79	43.88	51.37	63.60	75.80	74.82
$(t+273)/℃$	1315.2	1315.6	1310.2	1308.0	1304.2	1300.3	1296.3	1289.1	1280.6
$(t'+273)/℃$	1296.0	1297.1	1292.6	1291.0	1287.8	1284.4	1280.9	1274.2	1266.1
K/MPa	109.76	152.02	139.39	148.37	144.75	161.6	195.11	142.48	189.55
K'/MPa	116.73	160.93	146.83	155.82	151.59	168.82	203.34	148.18	196.83
$\delta K/\text{MPa}$	6.97	8.91	7.44	7.45	6.84	7.22	8.23	5.7	7.28

在表 4-6~表 4-9 中列出了当粗轧带钢出口厚度偏差为 δH_0，精轧入口温度波动为 δt_{FT0} 造成的各机架的变形抗力波动为 $\delta K_{\text{F}i}$ 时各影响系数值 $K_{\text{S}i}^{\text{hi}}$，$K_{\text{H}0}^{\text{hi}}$ 及 $K_{\text{K}i}^{\text{hi}}$。

计算中设 $\delta S_i = 1\text{mm}$，$\delta H_0 = 1\text{mm}$，$\delta t_{\text{FT0}} = 20℃$。

表 4-6 1.5mm 规格各影响系数值

K	δh_1	δh_2	δh_3	δh_4	δh_5	δh_6	δh_7	δh_8	δh_9
δS_1	0.92341	0.13413	0.02220	0.00607	0.00224	0.00109	0.00062	0.00038	0.00027
δS_2		0.72341	0.11973	0.03273	0.01208	0.00586	0.00334	0.00205	0.00148
δS_3			0.72754	0.19888	0.07341	0.03559	0.02028	0.01247	0.00899
δS_4				0.59144	0.21832	0.10584	0.06031	0.03710	0.02673
δS_5					0.59144	0.28673	0.16338	0.10050	0.07242
δS_6						0.34498	0.19657	0.12092	0.08713

K	δh_1	δh_2	δh_3	δh_4	δh_5	δh_6	δh_7	δh_8	δh_9
δS_7							0.25928	0.15949	0.11492
δS_8								0.19682	0.14182
δS_9									0.12897
δH_0	0.03787	0.00550	0.00091	0.00025	0.00009	0.00004	0.00003	0.00002	0.00001
δt_{FT0}	0.06498	0.09539	0.05205	0.03885	0.03147	0.02631	0.02226	0.01910	0.01667

表 4-7　2.5mm 规格各影响系数值

K	δh_1	δh_2	δh_3	δh_4	δh_5	δh_6	δh_7	δh_8	δh_9
δS_1	0.92944	0.11692	0.01828	0.00386	0.00103	0.00040	0.00019	0.00009	0.00006
δS_2		0.80157	0.12531	0.02648	0.00706	0.00275	0.00129	0.00060	0.00038
δS_3			0.78592	0.16605	0.04429	0.01725	0.00807	0.00375	0.00239
δS_4				0.70814	0.18888	0.07358	0.03441	0.01600	0.01017
δS_5					0.70814	0.27588	0.12900	0.05998	0.03814
δS_6						0.50663	0.23691	0.11015	0.07004
δS_7							0.41750	0.19411	0.12343
δS_8								0.41969	0.26687
δS_9									0.26031
δH_0	0.04322	0.00544	0.00085	0.00018	0.00005	0.00002	0.00001	0.00000	0.00000
δt_{FT0}	0.06007	0.08148	0.05267	0.04287	0.03394	0.02941	0.02623	0.02133	0.01939

表 4-8　3.5mm 规格各影响系数值

K	δh_1	δh_2	δh_3	δh_4	δh_5	δh_6	δh_7	δh_8	δh_9
δS_1	0.93366	0.09538	0.01340	0.00250	0.00056	0.00018	0.00007	0.00003	0.00002
δS_2		0.85292	0.11981	0.02237	0.00502	0.00163	0.00066	0.00026	0.00014
δS_3			0.82077	0.15324	0.03439	0.01114	0.00455	0.00176	0.00099
δS_4				0.76377	0.17139	0.05552	0.02269	0.00879	0.00492
δS_5					0.76377	0.24739	0.10111	0.03918	0.02192
δS_6						0.59860	0.24466	0.09479	0.05303
δS_7							0.50686	0.19638	0.10986
δS_8								0.53326	0.29831
δS_9									0.36690
δH_0	0.04525	0.00462	0.00065	0.00012	0.00003	0.00001	0.00000	0.00000	0.00000
δt_{FT0}	0.05522	0.06453	0.04806	0.03978	0.03337	0.03072	0.02832	0.02196	0.01991

表 4-9 5mm 规格各影响系数值

K	δh_1	δh_2	δh_3	δh_4	δh_5	δh_6	δh_7	δh_8	δh_9
δS_1	0.93080	0.09471	0.01174	0.00188	0.00036	0.00010	0.00003	0.00001	0.00001
δS_2		0.86593	0.10734	0.01720	0.00326	0.00087	0.00030	0.00010	0.00005
δS_3			0.85096	0.13637	0.02587	0.00693	0.00238	0.00081	0.00039
δS_4				0.80966	0.15361	0.04116	0.01412	0.00483	0.00234
δS_5					0.80966	0.21698	0.07444	0.02548	0.01233
δS_6						0.68481	0.23493	0.08042	0.03890
δS_7							0.59932	0.20517	0.09925
δS_8								0.60291	0.29165
δS_9									0.46194
δH_0	0.05187	0.00528	0.00065	0.00010	0.00002	0.00001	0.00000	0.00000	0.00000
δt_{FT0}	0.05374	0.06180	0.04320	0.03583	0.03069	0.02879	0.02873	0.02317	0.02160

4.1.3.3 影响系数分析

A 辊缝对各机架出口厚度的影响

由图 4-1 可以看出，F_1 和 F_2 辊缝变化对所有厚度规格带钢成品厚度影响不大；$F_3 \sim F_5$ 辊缝变化对薄规格带钢成品厚度有一定影响（对于厚度规格 1.5mm 带钢其影响系数为 0.00899，0.02673 和 0.07242），而对厚规格带钢成品厚度影响不大（对于厚度规格 5mm 带钢其影响系数为 0.00039，0.00234 和 0.01233）；$F_6 \sim F_9$ 辊缝变化对所有规格成品厚度有巨大影响，对于保证成品厚度起到至关重要的作用。

B 来料厚度对各机架出口厚度的影响

由图 4-2 可以看出，来料厚度对 F_1 和 F_2 机架出口厚度的影响比较大，而对下游机架的影响越来越小也就是说热连轧机组本身具有减小原料绝对厚差的能力，且经过多机架轧制后来料厚度几乎对成品厚度无影响。

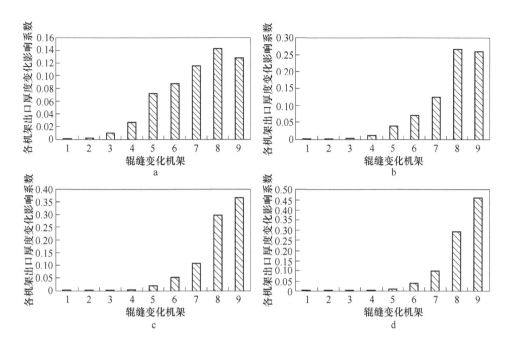

图 4-1 辊缝对各机架出口厚度的影响

a—$h=1.5$mm；b—$h=2.5$mm；c—$h=3.5$mm；d—$h=5$mm

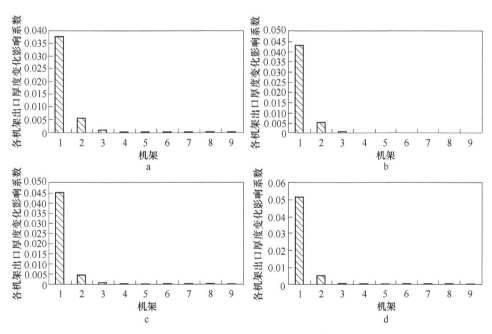

图 4-2 来料厚度对各机架出口厚度的影响

a—$h=1.5$mm；b—$h=2.5$mm；c—$h=3.5$mm；d—$h=5$mm

C　变形抗力对各机架出口厚度的影响

由图4-3可以看出,来料变形抗力变化对所有机架出口厚度均有较大影响,这也充分反映了变形抗力影响的重发性(遗传性)。

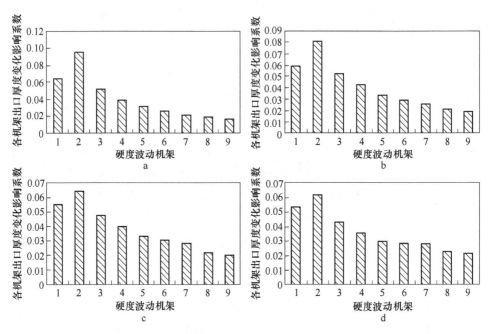

图4-3　变形抗力对各机架出口厚度的影响
a—h=1.5mm; b—h=2.5mm; c—h=3.5mm; d—h=5mm

通过上面分析可以看出,辊缝变化量对成品厚度影响较为显著,作为主要控制手段的辊缝对厚度有非常有效的调控作用。粗轧出口厚度偏差经热连轧九机架轧制后对成品厚度几乎无影响,可知热连轧机组具有减小原料绝对厚差的能力。而由带钢全长温度不均造成的变形抗力波动具有重发性,对带钢成品厚度偏差有很大影响。

4.1.4　厚度控制策略分析

热连轧机组的厚度控制系统包括前馈 AGC、厚度计 AGC 和监控 AGC 三种控制策略。前馈 AGC 和厚度计 AGC 作用于各机架的 HGC(液压辊缝控制),HGC 又分为位置控制模式和压力控制模式,但其本质都是控制各机架的辊缝。监控 AGC 根据精轧出口测厚仪测量厚度偏差对带钢成品厚度进行控制，当成品厚度和设定值有偏差时，将此偏差值积分后反馈至每个机架。

由热连轧静态分析可知影响带钢成品厚度的主要因素为温度造成的变形抗力波动而非精轧带坯厚度波动，基于此分析将前馈 AGC 和新型的厚度计 AGC 应用在热连轧控制中以提高带钢全长的厚度精度。通过影响系数分析可知热连轧机组后四架轧机辊缝变动对带钢成品厚度影响较大，且对于厚规格带钢影响更为显著，所以对热连轧机组后四架轧机投入监控 AGC 的控制策略对带钢厚度精度和轧制过程的稳定性最为有利。

4.1.5 小结

（1）结合轧制过程基本方程，建立了用于轧制过程特性分析的增量模型。逐个计算轧制力和前滑对轧机入、出口厚度、温度以及前后张力的偏微分系数，得出了轧制工艺参数间的影响系数。

（2）根据影响系数分析得出各轧制参数对带钢成品厚度偏差的影响，由此结果获得热连轧厚度控制最优控制策略，即采用厚度计 AGC 或前馈 AGC 消除由变形抗力波动造成的厚度偏差，对热连轧机组后四架轧机投入监控 AGC 以保证带钢成品厚度精度的厚度控制策略。

4.2 热连轧过程的厚度控制策略研究

4.2.1 热连轧厚度控制系统概述

如图 4-4 所示，根据其热连轧生产线现场仪表配置和厚度控制精度要求，所设计的厚度控制系统主要包括：（1）厚度计 AGC、（2）前馈 AGC、（3）监控 AGC。

4.2.2 厚度计 AGC 系统

4.2.2.1 基于弹跳方程的厚度计 AGC

厚度计 AGC 控制的基本思路就是将轧机机架本身作为测厚仪，通过对机

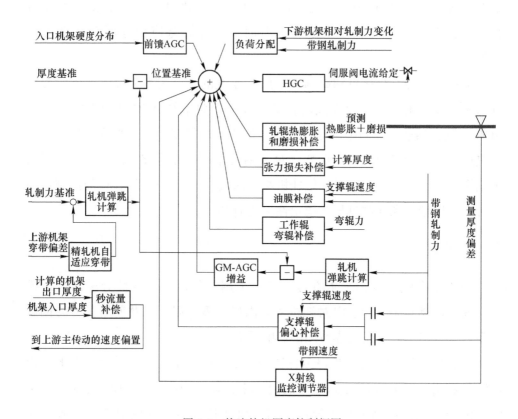

图 4-4　热连轧机厚度控制框图

架的辊缝和轧制力进行测量，通过模型间接测量带钢厚度。传统厚度计 AGC 采用轧机弹跳方程估计机架出口厚度。然后综合考虑轧机压下效率，最终对辊缝进行相应调节以消除出口厚度偏差。

传统厚度计 AGC 投入后，首先对辊缝 S 和轧制力 F 采样一段时间并取平均值，得到锁定辊缝 S_L 和锁定轧制力 F_L，利用弹跳方程计算得到锁定厚度：

$$h_L = S_L + \frac{F_L - F_0}{K_m} \tag{4-20}$$

由式（4-20）可得度偏差 Δh 为：

$$\Delta h = h - h_L = S - S_L + \frac{F - F_L}{K_m} \tag{4-21}$$

消除该厚度偏差所需的辊缝调节量 ΔS_{gm} 为：

$$\Delta S_{gm} = -\left(1 + \frac{Q}{K_m}\right)\Delta h = -\left(1 + \frac{Q}{K_m}\right)\left(S - S_L + \frac{F - F_L}{K_m}\right) \tag{4-22}$$

式中　　Q——轧件塑性系数，kN/mm。

4.2.2.2　利用弹跳方程计算厚度存在误差的原理分析

传统厚度计 AGC 作为一种模型控制方法，其理论基础是轧机弹跳方程。弹跳方程的基本假设如下：（1）轧机弹跳方程为精确的线性方程，即轧机刚度系数 K_m 为常数；（2）计算刚度系数和实际刚度系数之间无偏差。由于轧机各部分零件及轴承之间存在间隙和接触变形，轧机弹跳量和轧制力是非线性关系，特别是在小轧制力段，并且计算刚度系数和实际刚度系数之间存在无可避免的偏差。因弹跳方程无法为厚度计 AGC 提供精确的厚度偏差值，在使用基于弹跳方程的厚度计 AGC 进行控制时，经常出现计算厚度偏差与实际厚度偏差存在较大差异甚至符号相反的情况，造成了厚度控制的不准确甚至错误调节。

A　弹跳方程呈线性时计算厚度存在误差原理分析

在大轧制力段可以近似认为弹性变形与轧制力呈线性关系，厚度值和辊缝值及轧制力之间满足弹跳方程，由弹跳方程可知轧机刚度系数为计算厚度基准的关键因素。如果轧机的计算刚度系数 K_m^* 和真实刚度系数 K_m 之间存在偏差 $\Delta K_m (K_m^* = K_m + \Delta K_m)$，因此在厚度计 AGC 中，带钢的计算厚度为：

$$h^* = S + \frac{F - F_0}{K_m^*} \tag{4-23}$$

在使用厚度计 AGC 时，计算厚度偏差为：

$$\Delta h^* = h^* - h_L^* = S - S_L + \frac{F - F_L}{K_m^*} \tag{4-24}$$

而对于同样的辊缝和轧制力，带钢的真实的厚度偏差为：

$$\Delta h = h - h_L = S - S_L + \frac{F - F_L}{K_m} \tag{4-25}$$

厚度计 AGC 工作过程中，通过辊缝调整最终可使 $\Delta h^* = 0$，由式（4-25）可知，此时应有：

$$S - S_L = \frac{F_L - F}{K_m^*} \tag{4-26}$$

将式（4-25）代入式（4-26），可以得到 $\Delta h^* = 0$ 时的真实厚差：

$$\Delta h = \frac{F_L - F}{K_m^*} + \frac{F - F_L}{K_m} = (F - F_L)\left(\frac{1}{K_m} - \frac{1}{K_m + \Delta K_m}\right)$$

$$= (F - F_L)\left(\frac{\Delta K_m}{K_m^2 + K_m \cdot \Delta K_m}\right) \tag{4-27}$$

因为 $|\Delta K_m| \cdot K_m$ 远小于 K_m^2，所以 $K_m^2 + K_m \cdot \Delta K_m \approx K_m^2$，故式（4-27）可近似为：

$$\Delta h = (F - F_L)\frac{\Delta K_m}{K_m^2} \tag{4-28}$$

由式（4-28）可知，只要 $F - F_L \neq 0$，当计算厚度偏差 $\Delta h^* = 0$ 时，实际厚度偏差 Δh 不为零且为非恒定值。

B 弹跳方程呈非线性时计算厚度存在误差原理分析

实际生产中轧机弹跳量和轧制力是呈非线性关系，特别是在小轧制力段。由图 4-5 可知，轧机弹性变形曲线在低轧制力段呈非线性，即轧机刚度随轧制力的变化而变化。假设轧机刚度系数 K_m 是精确的，在轧机弹性变形曲线上取两点 i、j，F_i、$K_{m,i}$ 为 i 点的轧制力和轧机刚度系数；F_j、$K_{m,j}$ 为 j 点的轧制力和轧机刚度系数，当 F_i 和 F_j 满足式（4-29）所示关系时：

$$F_i = \frac{K_{m,i}}{K_{m,j}}F_j + \left(1 - \frac{K_{m,i}}{K_{m,j}}\right)F_0 \tag{4-29}$$

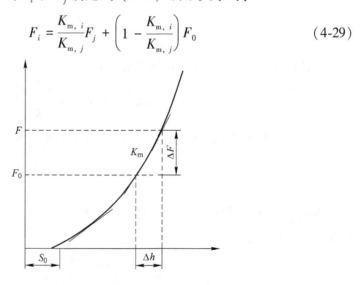

图 4-5 轧机弹性变形曲线

可以得出计算厚度：

$$h = S + \frac{F - F_0}{K_{\mathrm{m}}} = S + \frac{F_i - F_0}{K_{\mathrm{m}, i}} = S + \frac{F_j - F_0}{K_{\mathrm{m}, j}} \tag{4-30}$$

根据式（4-30）可以得出，在辊缝一定轧制力不同的情况下，利用弹跳方程计算得出的厚度相等。可知在轧机弹性变形曲线非线性段，根据弹跳方程无法得出准确的带钢厚度。

由上可知，无论弹跳方程是否呈线性关系，利用基于轧机刚度系数的弹跳方程计算厚度都是不准确的，而且有可能出现计算厚度偏差 Δh^{*} 和实际厚度偏差 Δh 符号相反的谬误，并导致厚度计 AGC 系统依据此厚度计算偏差值 Δh^{*} 进行的下一次辊缝调节重现这种实际与表象的矛盾。

4.2.2.3 基于轧机弹跳特性曲线的厚度计 AGC

出口带钢厚度与有载辊缝直接相关，因此厚度计 AGC 的首要任务即通过调节空载辊缝来补偿轧机弹跳以保持有载辊缝的恒定进而保证出口带钢厚度。因此如何测量得出精确的厚度是保证出口带钢厚度的关键。在厚度计 AGC 控制策略中，我们将厚度测量和控制策略分开考虑，这样厚度计 AGC 的控制就变为纯粹的闭环控制系统的问题。

A 轧机弹跳特性曲线

在轧制状态下，有载辊缝等于空载辊缝与弹跳量之和，由于空载辊缝可以直接测量，如何得出准确的弹跳量成为了计算出口带钢厚度的核心问题。传统厚度计 AGC 采用基于轧机刚度的弹跳方程计算轧机弹跳量，但由上节可知采用基于轧机刚度的弹跳方程无法获得精确的轧机弹跳量。为了克服轧机刚度对弹跳方程的影响，采用轧机弹跳特性曲线来计算轧机出口带钢厚度。

机架弹跳量为轧机牌坊弹跳和轧机辊系挠曲两个量之和。厚度计 AGC 通过轧机牌坊弹跳特性曲线和轧机辊系挠曲特性曲线记录轧机弹跳特征。

轧机牌坊弹跳是许多零件变形的总和，用理论计算零件变形的方法来获得轧机牌坊弹跳特性曲线比较困难，而且不易保证精度。目前一般采用轧机压靠法来获得轧机牌坊弹跳特性曲线。轧机压靠实验通过采集机架两侧的辊缝和轧制力数据，利用多项式回归方法获得两侧轧机牌坊弹跳特性曲线，考虑轧辊偏心的影响，支撑辊每转一周采样 12 次辊缝和轧制力取平均值。轧机压靠实验相当于板带宽度为轧辊辊身长度 w_0，所以轧机牌坊弹跳量可由整体弹跳量减去最大宽度的轧辊辊系挠曲获得。

轧机牌坊弹跳量为：

$$S_H = f_H(F) - f_H(F_0) \tag{4-31}$$

式中　F_0——压靠轧制力，kN。

辊系挠曲由关于宽度的离线机械模型计算得出。轧机辊系挠曲特性曲线如式（4-32）所示：

$$f_M(w) = \begin{cases} \beta_0 w + \beta_1 w^2, & w \leqslant \varepsilon_1 \\ \beta_2 + \beta_3 \sqrt{w}, & w > \varepsilon_1 \end{cases} \tag{4-32}$$

式中　w——带钢宽度，mm；

　$\beta_0 \sim \beta_3$——辊系挠曲特性曲线系数。

辊系挠曲弹跳量：

$$S_S = \eta \cdot [P \cdot f_M(w) - P_0 \cdot f_M(w_{\max})] \tag{4-33}$$

式中　η——辊系挠曲修正因子，与轧辊辊径和轧辊材质有关。

如图 4-6 所示，轧机总弹跳量为：

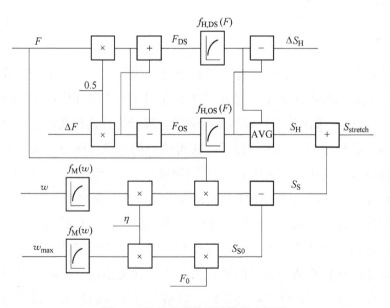

图 4-6　轧机的弹跳量计算原理框图

$$S_{\text{stretch}} = S_{\text{H}} + S_{\text{S}}$$

$$= \frac{f_{\text{H, DS}}(F_{\text{DS}}) + f_{\text{H, OS}}(F_{\text{OS}}) - f_{\text{H, DS}}\left(\dfrac{F_0}{2}\right) - f_{\text{H, OS}}\left(\dfrac{F_0}{2}\right)}{2} +$$

$$\eta \cdot \left[F \cdot f_{\text{M}}(w) - P_0 \cdot f_{\text{M}}(w_{\max}) \right] \tag{4-34}$$

B　基于轧机弹跳特性曲线的厚度计 AGC 系统

如图 4-7 所示，S_{L} 为锁定辊缝，F_{L} 为锁定轧制力，h_{L} 为锁定带钢厚度，S 为实际辊缝，F 为实际轧制力，h 为实际带钢厚度，Δh 为带钢厚度偏差。

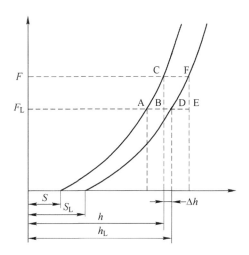

图 4-7　基于轧机弹性变形曲线的厚度计 AGC 原理图

带钢出口厚度等于空载辊缝与轧机弹跳量之和：

$$h = S + S_{\text{stretch}} \tag{4-35}$$

联立式（4-34）和式（4-35），锁定出口厚度可以表示为：

$$h_{\text{L}} = S_{\text{L}} + S_{\text{stretch, L}} = S_{\text{L}} + \left\{ \frac{f_{\text{H, DS}}(F_{\text{DS, L}}) + f_{\text{H, OS}}(F_{\text{OS, L}}) - f_{\text{H, DS}}\left(\dfrac{F_0}{2}\right) - f_{\text{H, OS}}\left(\dfrac{F_0}{2}\right)}{2} + \right.$$

$$\left. \eta \cdot \left[F_{\text{L}} \cdot f_{\text{M}}(w) - F_0 \cdot f_{\text{M}}(w_{\max}) \right] \right\} \tag{4-36}$$

实际带钢出口厚度可以表示为：

$$h = S + S_{\text{stretch}}$$

$$= S + \left\{ \frac{f_{\text{H, DS}}(F_{\text{DS}}) + f_{\text{H, os}}(F_{\text{OS}}) - f_{\text{H, DS}}\left(\dfrac{F_0}{2}\right) - f_{\text{H, os}}\left(\dfrac{F_0}{2}\right)}{2} + \right.$$

$$\left. \eta \cdot \left[F \cdot f_{\text{M}}(w) - F_0 \cdot f_{\text{M}}(w_{\max}) \right] \right\} \tag{4-37}$$

联立式 (4-36) 和式 (4-37), 带钢出口厚度可以表示为:

$$\Delta h = h - h_{\text{L}} = S - S_{\text{L}} + (S_{\text{stretch}} - S_{\text{stretch, L}})$$

$$= S - S_{\text{L}} + \left[\frac{f_{\text{H, DS}}(F_{\text{DS}}) + f_{\text{H, os}}(F_{\text{OS}})}{2} - \frac{f_{\text{H, DS}}(F_{\text{DS, L}}) + f_{\text{H, os}}(F_{\text{OS, L}})}{2} + \right.$$

$$\left. \eta \cdot f_{\text{M}}(w) \cdot (F - F_{\text{L}}) \right] \tag{4-38}$$

考虑压下效率, 厚度计 AGC 调节量为:

$$\Delta S_{\text{gm}} = -\left(1 + \frac{Q}{K_{\text{m}}} \right) \Delta h = -\left(1 + \frac{Q}{K_{\text{m}}} \right) \left\{ S - S_{\text{L}} + \left[\frac{f_{\text{H, DS}}(F_{\text{DS}}) + f_{\text{H, os}}(F_{\text{OS}})}{2} - \right. \right.$$

$$\left. \left. \frac{f_{\text{H, DS}}(F_{\text{DS, L}}) + f_{\text{H, os}}(F_{\text{OS, L}})}{2} + \eta \cdot f_{\text{M}}(w) \cdot (F - F_{\text{L}}) \right] \right\} \tag{4-39}$$

4.2.2.4 基于轧机弹跳特性曲线的新型厚度计 AGC 的应用

A 应用流程

厚度计 AGC 系统是控制带钢厚度精度的核心控制策略, 其由 CFC 语言实现。厚度计 AGC 系统通过压头和位移传感器来获得轧制力和辊缝值。图 4-8 所示流程图描述了厚度计 AGC 系统的基本工作流程。

B 控制效果分析

现场实际应用效果表明新型厚度计 AGC 相比传统的厚度计 AGC 拥有更好的控制效果。图 4-9~图 4-11 分别为传统厚度计 AGC 和新型厚度计 AGC 的厚度偏差量和调节量。

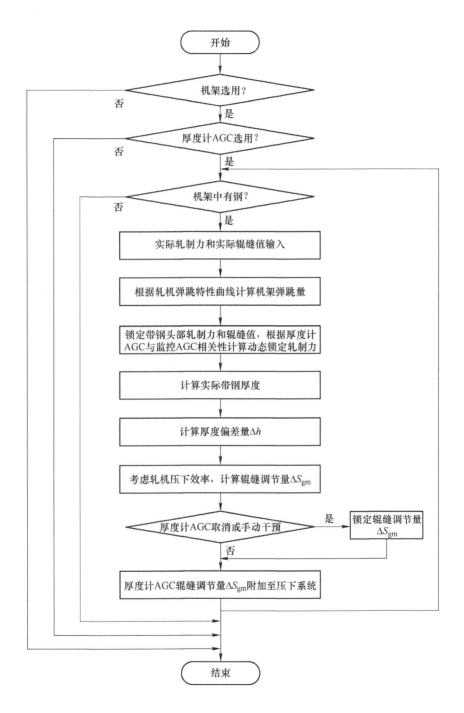

图 4-8　厚度计 AGC 流程图

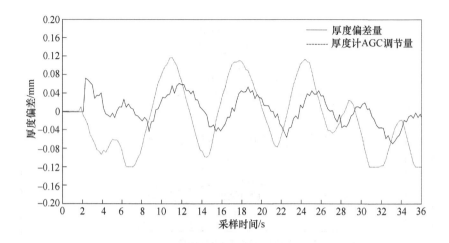

图 4-9 基于弹跳方程的传统厚度计控制效果

如图 4-9 所示，轧制工艺参数：成品厚度为 2.5mm，轧制速度为 11.5m/s。在基于弹跳方程的厚度计 AGC 计算厚度偏差和实际厚度偏差方向相反时，传统厚度计 AGC 不断地恶化控制效果，严重影响带钢厚度精度。

图 4-10 轧制工艺参数：成品厚度为 3.0mm，轧制速度为 10m/s。当弹跳方程在非线性区间或轧机计算刚度系数和实际刚度系数之间存在偏差时，传统厚度计 AGC 无法获得精确的带钢厚度基准，所以基于弹跳方程的厚度计 AGC 无法消除带钢厚度偏差。

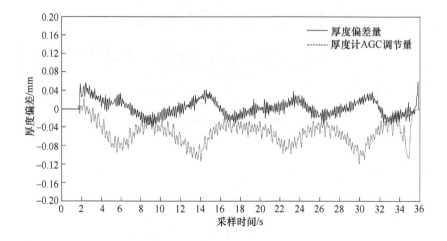

图 4-10 基于弹跳方程的传统厚度计控制效果

图 4-11 轧制工艺参数：成品厚度为 3.0mm，轧制速度为 10m/s。由于轧机弹跳特性曲线可以有效消除轧机刚度系数以及弹跳方程非线性对带钢厚度计算的影响，基于轧机弹跳特性曲线的新型厚度计 AGC 可以获得精确的带钢厚度基准，由此将厚度规格 3.0mm 带钢的厚度偏差控制在 ±20μm 以内达98.6%，取得了良好的控制效果。

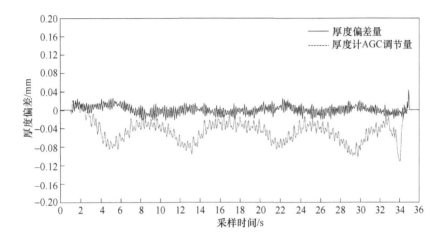

图 4-11　基于轧机弹跳特性曲线的新型厚度计控制效果

4.2.3　前馈 AGC 系统

4.2.3.1　前馈 AGC 控制原理

前馈 AGC 对板带在前一机架由水印等因素造成的厚度偏差进行测量，跟踪记录厚度偏差分布并存储到列表中，当一段带钢到达下机架时，厚度偏差值从列表中取出，用它计算一个辊缝修正值调整下游机架的辊缝，以纠正前一机架的厚度变化带来的偏差。

由于轧制力存在较大的波动，采用分段跟踪对轧制力平均值采样后用来计算轧制厚度偏差：

$$\Delta h = S_{\text{stretch}} \cdot \frac{K_{\text{m}}}{Q} = \left[f(F) - f(F_{\text{L}}) \right] \cdot \frac{K_{\text{m}}}{Q} \tag{4-40}$$

式中　$f(x)$ ——轧机弹跳特性曲线。

考虑由 AGC 调节量引起的轧制力波动：

$$\Delta F = S_{agc} \cdot \frac{K_m Q}{K_m + Q} \tag{4-41}$$

由式（4-40）和式（4-41）可得厚度偏差量：

$$\Delta h = S_{stretch} \cdot \frac{K_m}{Q} = [f(F) - f(F_L + \Delta F)] \cdot \frac{K_m}{Q} \tag{4-42}$$

在位置闭环下，入口厚度偏差和出口厚度偏差的关系见式（4-43）：

$$\Delta h = \Delta H \cdot \frac{Q}{K_m + Q} \tag{4-43}$$

第 $i + 1$ 机架入口厚度偏差等于第 i 机架出口厚度偏差：

$$\Delta H_{i+1} = \Delta h_i \tag{4-44}$$

综上所述，前馈 AGC 的调节量如式（4-45）所示：

$$\Delta S_{ff} = \Delta h_{i+1} \cdot \frac{Q_{i+1}}{K_{m, i+1}} = \left[f(F_i) - f\left(F_{L, i} + \Delta S_{agc, i} \cdot \frac{K_{m, i} Q_i}{K_{m, i} + Q_i} \right) \right] \cdot \frac{K_{m, i}}{Q_i} \cdot \frac{Q_{i+1}}{K_{m, i+1}}$$

$$\tag{4-45}$$

4.2.3.2　前馈 AGC 应用效果

A　应用流程

前馈 AGC 系统是控制带钢同板精度，消除水印的重要构成部分。图 4-12 所示流程图描述了前馈 AGC 系统的基本工作流程。

B　控制效果分析

图 4-13 给出了前馈 AGC 投入时，出口厚度偏差以及前馈 AGC 的辊缝调节量。经过前馈 AGC 的控制，厚度规格 3.0mm 带钢出口厚度偏差控制在了 ±20μm 以内。

4.2.4　监控 AGC

带钢厚度是热轧带钢产品最重要的考核指标之一，监控 AGC 的控制效果直接关系到带钢的成品厚度质量。由于监控 AGC 是一个纯滞后系统，从控制

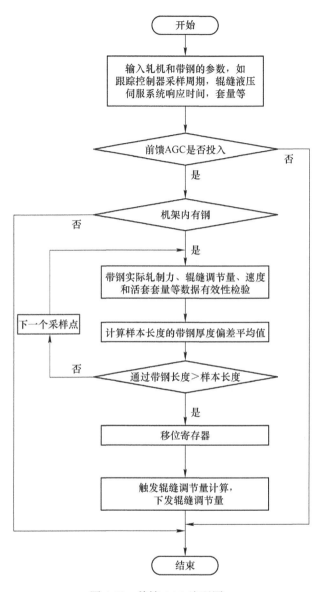

图 4-12 前馈 AGC 流程图

角度而言，测量和控制过程之间滞后时间越长系统越不稳定，因此距离测厚仪越近机架的监控 AGC 对厚度偏差消除效果越好，进而造成下游机架相对于上游机架会承担相对较大的负荷修正量。在厚度偏差较小的情况下，热连轧机各机架的调节量相对较小，不会影响各个机架间的负荷平衡。但当厚度偏差较大时，下游机架会承担较大的辊缝修正量而影响机架间负荷平衡，进而影响带钢质量和轧制过程的稳定。

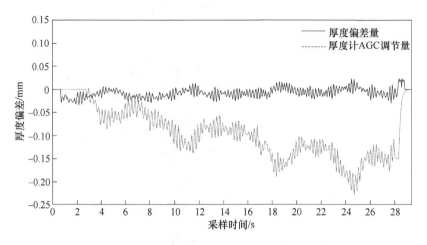

图 4-13　前馈 AGC 控制效果

4.2.4.1　监控 AGC 控制原理

A　基于 Smith 预估器的监控 AGC 控制系统

由于热连轧机测厚仪厚度变化量的检测存在滞后时间 τ ，严重影响系统的稳定性，在监控 AGC 系统中引入 Smith 预估器以提高带钢厚度控制精度，在监控 AGC 系统中，采用样本跟踪方式，考虑压下效率 K ，将控制器设计为比例积分系统，即

$$G_c(s) = \frac{P}{S} \tag{4-46}$$

控制系统的结构图如图 4-14 所示。在图 4-14 中，输入信号 $h^*(t)$ （拉氏变换为 $H^*(s)$ ）为设定厚度； $\Delta s(t)$ （拉氏变换为 $\Delta S(s)$ ）为液压缸设定位置的附加值； $h(t)$ （拉氏变换为 $H(s)$ ）为测厚仪测得的带钢实际厚度； $h_\tau(t)$ （拉氏变换为 $H_\tau(s)$ ）为 Smith 超前补偿部分的输出； $\Delta h(t)$ （拉氏变换为 $\Delta H(s)$ ）为设定厚度和反馈厚度的差值； $\Delta h_\tau(t)$ （拉氏变换为 $\Delta H_\tau(s)$ ）为系统的理论偏差或控制器的输入值。

由图 4-14 可知：

$$\frac{S \cdot \Delta S(s)}{P} = \Delta H(s) - H_\tau(s) = \Delta H(s) - K\Delta S(s) + (Ke^{-\tau s})\Delta S(s) \tag{4-47}$$

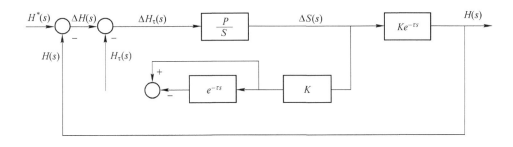

图 4-14 带 Smith 补偿的积分监控 AGC 控制系统结构图

利用与定时离散化类似的方法，由于速度是变化的，导致带钢定长采样时间不一样。设 i 时刻的采样时间为 $T_s(i)$，对式（4-47）进行定长样本的离散化，并将一阶微分环节近似处理为式（4-48）：

$$s \cdot \Delta S(s) \approx \frac{\Delta S(i) - \Delta S(i-1)}{T_s(i)} \tag{4-48}$$

将式（4-48）代入式（4-47），整理有：

$$\Delta S(i) = (1-a)\Delta S(i-1) + a\Delta S(i-\tau) + \frac{a}{K}\Delta h(i) \tag{4-49}$$

式中　a ——消差因子。

由式（4-49）可见，当前辊缝修正量 $\Delta S(i)$ 与当前的厚度偏差 $\Delta h(i)$、第 $(i-1)$ 次的辊缝修正量 $\Delta S(i-1)$、第 $(i-\tau)$ 次的辊缝修正量 $\Delta S(i-\tau)$ 有关。

B　样本长度的确定

传统监控 AGC 控制方法往往以定时中断的方式进行控制采样，这样轧制速度的变化会使系统滞后时间 τ 发生变化，即单位采样时间内厚度偏差的采样值是不稳定的，进而影响控制系统的稳定。如采用定时中断方式进行采样的话必须针对不同速度对采样值进行修正。以带钢的样本长度跟踪作为中断进行厚度控制，可以有效避免系统滞后时间变化。单位样本长度的厚度偏差采样值不随速度的变化而变化，使整块带钢长度的厚度偏差值稳定，避免针对不同速度的采样修正计算，使控制得以简化。

由图 4-15 可知，定义末机架采样带钢样本的长度为 L_g，则带钢厚度头部

的控制死区长度 $L_d = 2L_g$ ，为缩短控制死区，则将带钢样本长度缩短。缩短的原则是将 L_g 进行 n 个等分，则末机架每个带钢样本长度将变为：

$$L_s = \frac{L_g}{n} \quad (n \geqslant 1) \tag{4-50}$$

在这种带钢样本长度情况下，系统的延时为：

$$\tau = n + 1 \tag{4-51}$$

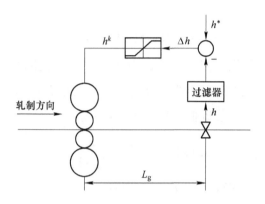

图 4-15 监控 AGC 控制系统滞后原理图

带钢的头部控制死区长度为：

$$L_d = \left(1 + \frac{1}{n}\right)L_g \tag{4-52}$$

设末机架带钢厚度为 h ，末机架速度为 v ，根据秒流量相等原理 $h_i v_i = h_{i-1} v_{i-1}$ 可以得到各机架的厚度：

$$h_i = \frac{v}{v_i} h \tag{4-53}$$

因测厚仪测量厚度为末机架出口厚度，为使前面机架的调节量同样作用于末机架厚度偏差，得到任意机架的采样样本长度为：

$$L_{s,\,i} = \frac{h_i}{h} L_s = \frac{v}{v_i} L_s \tag{4-54}$$

4.2.4.2 负荷平衡

负荷平衡功能为检测机架间负荷分配的重大变化，并且通过改变辊缝来恢复呈现在带钢头部的负荷分配模式。负荷平衡的目的是尽量消除由监控

AGC 引起的各机架负载的变化。每个上游机架到 X 射线测厚仪的传递延迟逐渐增加，这需要监控 AGC 对接近 X 射线测厚仪的机架作较大的修正，当厚度误差被消除时，末机架辊缝已经比上游机架变化了更多，所以末机架的相对轧制力比上游机架有更大的变化，这就扰乱了负荷分配的设定模式，并对带钢质量造成影响。

当轧机咬钢延时一小段时间后，对各机架的轧制力进行采样并计算得到带钢总轧制力。相对轧制力变化量从机架轧制力在带钢总轧制力中的比例的变化得出：

$$r_{i, j} = \frac{F_{i, j}}{\sum\limits_i F_{i, j}} - \frac{F_{\text{ref}, i}}{\sum\limits_i F_{\text{ref}, i}} \tag{4-55}$$

式中　$r_{i, j}$——轧制过程中第 i 机架第 j 样本的相对轧制力变化量，%；

$F_{i, j}$——轧制过程中第 i 机架第 j 样本的轧制力实际值，kN；

$F_{\text{ref}, i}$——轧制过程中第 i 机架带钢头部轧制力锁定值，kN。

由弹跳方程可知：

$$\Delta h = \frac{\Delta F}{K_{\text{m}}} \tag{4-56}$$

由轧制力变化造成的厚度偏差如式（4-57）所示：

$$\Delta h_{i, j} = \frac{r_{i, j} \cdot \Delta F_{i, j}}{K_{\text{m}, i}} \tag{4-57}$$

由式（4-57）可知，由相对轧制力变化量可以得出厚度偏差影响系数：

$$\beta_{i, j} = \frac{\Delta h_{i, j}}{\Delta h_{i, j-1}} \beta_{i, j-1} = \frac{r_{i, j} \cdot \Delta F_{i, j}}{K_{\text{m}, i} \cdot \Delta h_{i, j-1}} \beta_{i, j-1} \tag{4-58}$$

式中　$\beta_{i, j}$——第 i 机架第 j 样本的厚度偏差影响系数；

$K_{\text{m}, i}$——第 i 机架轧机刚度系数。

如果厚度偏差影响系数较小，说明这机架间的负荷分配没有被扰乱，不需要对负荷分配进行修正；如果厚度偏差影响系数大于负荷分配修正下限值 ξ，说明负荷分配已经发生了明显的变化，必须对上游机架辊缝进行修正以确保负荷平衡。

厚度偏差影响因子定义为：

$$\eta = \begin{cases} 0 & \beta < \xi \\ \beta & \beta > \xi \end{cases} \tag{4-59}$$

综上所述，当监控 AGC 调节量对机架间负荷平衡造成影响时，为保持机架间负荷平衡，必须对监控 AGC 分配给上游机架的厚度偏差量进行修正，考虑厚度偏差影响因子可知负荷平衡对上游机架的修正量如式（4-60）所示：

$$\Delta h_{i-1, j} = (1 + \eta_{i, j}) \cdot \Delta h_{i-1, j-1} \tag{4-60}$$

由式（4-49）和式（4-60）得出：

$$\Delta S_{i, j} = (1 - a) \Delta S_{j-1} + a \Delta S_{j-\tau} + \frac{a}{K} \Delta h_{i, j} \tag{4-61}$$

4.2.4.3 监控 AGC 应用效果

某热连轧机轧制工艺参数：成品厚度为 2.0mm，轧制速度为 10m/s。

如图 4-16 所示，常规监控 AGC 调节过程中，因 F9 机架的辊缝修正量较大，引起机架间负荷分配不合理，造成带钢产生严重的边浪，影响板形质量，情况严重时甚至会影响带钢生产的稳定。

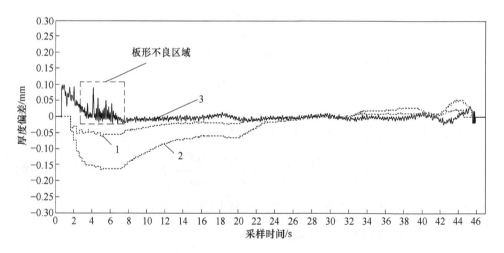

图 4-16 常规监控 AGC 控制系统控制效果图

1—F8 监控 AGC 调节量；2—F9 监控 AGC 调节量；3—厚度偏差量

如图 4-17 所示，采用优化后的监控 AGC 可以有效平衡各机架的辊缝修正量，在不影响调节速度的情况下，保持机架间的负荷比例，进而避免了因下游机架辊缝修正量过大造成质量问题，保证生产过程的稳定。

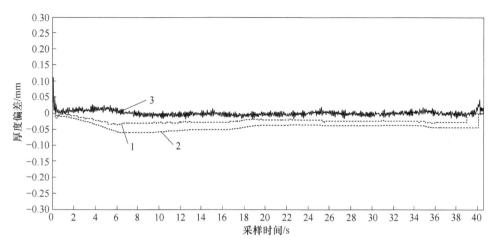

图 4-17 优化后的监控 AGC 控制系统控制效果图

1—F8 监控 AGC 调节量；2—F9 监控 AGC 调节量；3—厚度偏差量

4.2.5 小结

（1）以轧制理论为基础，针对计算刚度系数和实际刚度系数之间存在偏差和弹跳曲线的非线性问题，从两个方面揭示利用基于刚度系数的弹跳方程计算厚度基准存在误差的根本原因。

（2）为解决刚度系数对厚度基准计算的影响，提出基于由牌坊弹跳特性曲线和机架轧机辊系挠曲特性曲线组成的弹跳特性曲线的机架间厚度计算策略，以此为基础建立新型厚度计 AGC，解决了厚度计 AGC 厚度基准的问题，提高厚度计 AGC 工作稳定性和控制精度。以基于轧机弹跳特性曲线的机架轧出厚度计算方法为基础，优化前馈 AGC 控制系统，提高了厚度控制精度。

（3）监控 AGC 是一个典型的纯滞后系统，采用 Smith 预估器对时滞系统进行补偿。针对热连轧监控 AGC，提出一种基于速度和机架间带钢厚度的样本跟踪方式，协调各机架的厚度基准值。针对监控 AGC 对负荷平衡的影响，推导得出轧制过程中机架间负荷修正模型，并以此为基础对监控 AGC 控制方式进行了优化。

（4）提出动态锁定轧制力控制策略与厚度计 AGC 和监控 AGC 相关性的解决方案，提高厚度计 AGC 消除厚度波动的能力，通过控制算法和控制结构的改进解决了监控 AGC 和厚度计 AGC 的相关性问题。

4.3 热连轧厚度控制系统的实际应用

根据前面研究结果开发的 AGC 控制方案包括硬度前馈 AGC、厚度计 AGC 和监控 AGC 三种基本厚度控制方式，每种方式都可单独投入控制，GM-AGC 和监控 AGC 可以同时投入，前馈 AGC 和监控 AGC 可以同时投入。

针对厚度规格 3.5mm 带钢，图 4-18 和图 4-19 分别为厚度计 AGC 和前馈

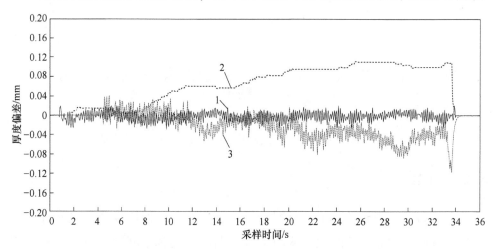

图 4-18 热连轧机监控 AGC+厚度计 AGC 系统控制效果

1—厚度偏差；2—监控 AGC 调节量；3—厚度计 AGC 调节量

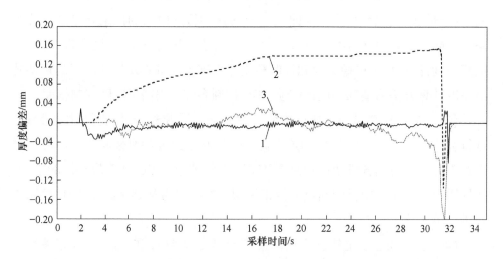

图 4-19 热连轧机监控 AGC+前馈 AGC 系统控制效果

1—厚度偏差；2—监控 AGC 调节量；3—前馈 AGC 调节量

AGC 与监控 AGC 同时投入时的控制效果，可知两种控制策略都可以将厚度偏差控制在了±20μm 以内。

使用厚度计 AGC+监控 AGC 的控制策略，随机抽取几个典型厚度产品的板带轧制历史记录中，厚度控制精度如表4-10所示。

表 4-10 厚度控制精度

厚度规格/mm	1.45	2.5	3.65	4.5	5.65
厚度精度指标/μm	15	15	20	25	25
厚度精度占比/%	99.05	98.8	98.6	98.2	97.5

5 全连续粗轧强迫宽展模型与数值模拟

宽度尺寸精度是热轧带钢产品质量的重要指标，良好的宽度精度不仅可以提高产品的成材率，而且将给热轧用户及后部工序创造更好的生产条件。目前热轧厂大都使用连铸坯，而连铸机在线调宽比较困难，带钢宽度在精轧机组又难以调整，所以带钢的宽度控制主要在粗轧阶段实现。部分企业的连铸坯的宽度规格偏少，并不能涵盖设备最大能力下的所有产品宽度规格，常用的调宽方法有压缩调宽、立辊轧制调宽等，但是有时需要增宽轧制，所以在全连续热轧的粗轧过程中应用强迫宽展控制方法。而现在的宽展模型大都是针对平板轧制的，如采利柯夫宽展公式、艾克隆德宽展公式等，也有一些是专门针对立轧狗骨变形的公式，如冈户克公式、芝原隆公式等，还没有适用强迫宽展的模型。为此采取分区计算的方法，对全连续粗轧过程中的宽度控制模型进行研究，然后使用有限元方法对全连续粗轧强迫宽展过程进行模拟分析，验证并优化宽度数学模型。

5.1 带坯轧制的宽展理论

5.1.1 宽展及其分类

在轧制过程中轧件的高度方向承受轧辊压缩作用，压缩下来的体积，将按照最小阻力法则沿纵向及横向移动。沿横向移动的体积所引起的轧件宽度的变化称为宽展。在不同的轧制条件下，坯料在轧制过程中的宽展形式是不一样的。根据金属沿横向流动的自由程度，宽展分为：自由宽展、限制宽展和强迫宽展。

自由宽展：坯料在轧制过程中，被压下的金属体积其金属质点在横向移动时，金属流动除受接触摩擦的影响外，不受其他任何的阻碍和限制，这种情况为自由宽展。

限制宽展：坯料在轧制过程中，金属质点横向移动时，除受接触摩擦的影响外，还承受孔型侧壁的限制作用，因而破坏了自由流动条件，此时产生的宽展为限制宽展。

强迫宽展：坯料在轧制过程中，不仅不受任何阻碍，且受有强烈的推动作用，使轧件宽度产生附加的增长，此时产生的宽展为强迫宽展。由于出现有利于金属质点横向流动条件，所以强迫宽展大于自由宽展。

5.1.2 宽展的组成

5.1.2.1 宽展沿轧件横断面高度上的分布

由于轧辊与轧件的接触表面上存在着摩擦，以及变形区几何形状和尺寸的不同，因此沿接触表面上金属质点的流动轨迹与接触面附近的区域和远离的区域是不同的。它一般由以下三个部分组成：滑动宽展 ΔB_1、翻平宽展 ΔB_2 和鼓形宽展 ΔB_3，如图 5-1 所示。

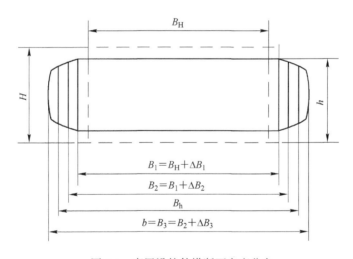

图 5-1 宽展沿轧件横断面高度分布

（1）滑动宽展是变形金属在与轧辊的接触面产生相对滑动所增加的宽展量，以 ΔB_1 表示，宽展厚轧件由此而达到的宽度为：

$$B_1 = B_H + \Delta B_1 \tag{5-1}$$

（2）翻平宽展是由于接触摩擦阻力的作用，使轧件侧面的金属在变形过程中翻转到接触表面上，使轧件的宽度增加，增加的量以 ΔB_2 表示，加上这

部分宽展的量之后轧件的宽度为:

$$B_2 = B_1 + \Delta B_2 = B_H + \Delta B_1 + \Delta B_2 \tag{5-2}$$

(3) 鼓形宽展使轧件侧面变成鼓形而造成的宽展量,用 ΔB_3 表示,此时轧件的最大宽度为:

$$b = B_3 = B_2 + \Delta B_3 = B_H + \Delta B_1 + \Delta B_2 + \Delta B_3 \tag{5-3}$$

显然,轧件的总宽展量为:

$$\Delta B = \Delta B_1 + \Delta B_2 + \Delta B_3 \tag{5-4}$$

通常理论上说的宽展及其计算的宽展是将轧制后轧件的横断面化为同厚度的矩形之后,其宽度与轧制前轧坯宽度之差,即

$$\Delta B = B_h - B_H \tag{5-5}$$

因此,轧后宽度 B_h 是一个为了便于工程计算而采用的理想值。

5.1.2.2 宽展沿轧件宽度上的分布

关于宽度沿轧件宽度分布的理论,基本上有两种假说:第一种假说认为宽展沿轧件宽度上均匀分布。这种假说主要以均匀变形和外区作用作为理论的基础。因为变形区与前后外区彼此为同一块金属,是紧密结合在一起的。因此对变形起着均匀的作用,使沿长度方向上各部分金属延伸相同。宽展沿宽度分布自然是均匀的。第二种假说,认为变形区可以分为 4 个区域,即两边的区域为宽展区,中间为前后两个延伸区。

宽展沿宽度均匀分布的假说,对于轧制宽而薄的薄板,宽展很小甚至可以忽略时的变形可以认为是均匀的。但在其他情况下,均匀假说与许多实际情况是不相符合的,尤其对于窄而厚的轧件更不适应。因此这种假说是有局限性的,变形区假说也不完全正确,但是它能定性地描述宽展发生时变形区内金属质点流动的总趋势,便于说明宽展现象的性质和作为计算宽展的根据。

5.1.3 影响宽展的因素

影响金属在变形区内沿纵向及横向流动的数量关系的因素很多。但这些因素都是建立在最小阻力定律和体积不变定律的基础上的。经综合分析,影响宽展诸因素的实质可归纳为两方面:一为高向移动体积;二为变形区内轧

件变形的纵横阻力比。

（1）相对压下量对宽展的影响：轧制时，轧件在高度方向受压，金属向横向和纵向流动，即产生延伸和宽展。压下量愈大，相应的延伸和宽展也愈大。很多研究表明，压下量是宽展的源泉，是形成宽展的主要因素之一。当轧前轧件高度不变时，宽展量与压下率（相对压下量）是成正比关系的，即随着压下量的增加，变形长度增加，变形区形状参数增大，因而使金属纵向流动阻力增加，使纵向压缩主应力值增大。据金属流动最小阻力定律，金属沿横向运动的趋势也相应增大，因而使宽展增大。另外，当 $\Delta h/H$ 增加，金属高度方向的相对位移体积也增大，因此宽展增加。

（2）摩擦系数对宽展的影响：随着摩擦系数的增加，金属纵向流动和横向流动的阻力都增加。但在轧制型钢时，由于轧件宽度小，所以金属纵向流动的阻力较多，而横向流动的阻力增加较少，相应使延伸减小，宽展增大。

轧制时，许多因素都是通过改变摩擦系数而影响宽展的。例如，轧制速度的变化，金属化学成分的变化、轧制温度的变化、轧辊以及轧件表面状态的变化等，都直接或间接地影响摩擦系数，从而使宽展发生变化。

（3）轧辊直径对宽展的影响：在其他条件不变的情况下，当轧辊直径增加时变形区长度加大，使纵向的阻力增加，根据最小阻力定律，金属更容易朝着阻力小的宽度方向流动，表现为宽展随轧辊直径的增加而增加。

但应该注意的是，实际生产中即使变形区长度与轧件宽度相等，延伸与宽展的量也不可能相同，而是受工具形状的影响，延伸总是大于宽展。这是因为，轧辊本身所具备的外形轮廓为圆柱体这一特点，使沿轧制方向变形区是圆弧形的，必然产生有利于延伸变形的水平分力，使纵向的摩擦阻力减小，有利于纵向变形，即增大延伸。

（4）原始坯料宽度对宽展的影响：宽展系数随着原始坯料宽度的增加而逐渐下降。绝对宽展也是随着原始坯料宽度增加而减小，其下降速度与宽度系数不同。

（5）前后张力对宽展的影响：轧件变形时，变形区边部及轧件边部产生纵向张应力，与之相邻的区域则产生纵向压应力。在所研究的每一个面上，张应力和压应力应保持平衡，所以当轧件前后的张力增加后，远离中心的边部张应力就会加大，与之相邻区域的压应力也会加大，从而使金属质点有向中心移动的趋势，即随着轧件前后张力的增加，宽展变小。

5.2 平辊轧制宽展模型分析

现有的宽展计算主要有两种类型。一是从体积不变定律、最小阻力定律、力平衡方程、变形功平衡等基本规律出发，在简化、假设的基础上进行理论推导，得到宽展理论公式，有时这类宽展公式需要通过实验来确定待定参数，以提高结算精度。这类宽展模型主要是：采利柯夫公式、艾克隆德公式、巴赫契诺夫公式、希尔公式等。二是在整理实验数据和生产现场数据的基础上，正确选择影响因素，得到适用于某种特定条件的宽展公式。

近年来分析轧制过程的数值模拟方法越来越成熟，利用有限元法对各种不同轧制条件进行解析也可以得到轧件的宽展数据，利用数理统计的方法对宽展数值模拟结果进行整理也能够得到宽展公式。这样得到的宽展公式需要经过实测数据的验证，或增加修正系数以提高精度。

5.2.1 理论及半理论公式

5.2.1.1 采利柯夫宽展公式

采利柯夫从变形区内微元体上的力平衡条件出发，确定宽展范围。在此基础上经过一系列的简化和推导，得到下列宽展公式：

$$\Delta b = C\Delta h\left(\sqrt{R/\Delta h} - \frac{\Delta h}{2f}\right)\varphi(\varepsilon) \tag{5-6}$$

式中　C——与轧件宽度和接触弧长有关的系数；

　　$\varphi(\varepsilon)$——与压下率有关的系数。

$$C = 1.34\left(\frac{B}{\sqrt{R\Delta h}} - 0.15\right)e^{0.15-\frac{B}{\sqrt{R\Delta h}}} + 0.5 \tag{5-7}$$

$$\varphi(\varepsilon) = 0.138\varepsilon^2 + 0.328\varepsilon \tag{5-8}$$

式中　Δh——压下量，mm；

　　B——轧前宽度，mm；

　　R——轧辊半径，mm；

　　f——摩擦系数；

ε ——压下率 $\dfrac{\Delta h}{H}$ 。

5.2.1.2 艾克隆德宽展公式

艾克隆德假定接触区内横向与纵向单位面积上的单位功是相同的，利用体积不变条件经过一系列的简化和推导，得到以下宽展公式：

$$b^2 = 8m\sqrt{R\Delta h} + B^2 - 4m(H + h)\sqrt{R\Delta h}\ln\frac{b}{B} \tag{5-9}$$

式中

$$m = \frac{1.6f\sqrt{R\Delta h} - 1.2\Delta h}{h_0 + h_1} \tag{5-10}$$

摩擦系数可按下式计算：

$$f = k_1 k_2 k_3 (1.05 - 0.0005t) \tag{5-11}$$

式中　k_1 ——轧辊材质与表面状态的影响系数；

　　　k_2 ——轧制速度影响系数；

　　　k_3 ——轧件化学成分影响系数；

　　　t ——轧制温度，℃。

5.2.1.3 巴赫契诺夫宽展公式

巴赫契诺夫根据前滑功、后滑功和宽展功的分布，推导出以下宽展公式：

$$\Delta b = 1.15\frac{\Delta h}{2H}\left(\sqrt{R\Delta h} - \frac{\Delta h}{2f}\right) \tag{5-12}$$

巴赫契诺夫宽展公式考虑了摩擦系数、相对压下量、变形区长度及轧辊形状对宽展的影响，在公式推导过程中也考虑了轧前宽度和前滑的影响。实践证明，用巴赫契诺夫公式计算平辊轧制和箱型孔中的自由宽展可以得到与实际相接近的结果，因此可以用于实际变形计算中。

5.2.1.4 希尔公式

希尔基于理论推导，得到最简单的宽展模型，其一般形式如下：

$$b_1 = b_0 \left(\frac{h_0}{h_1}\right)^\omega \tag{5-13}$$

式中 $$\omega = 0.5e^{-\frac{B}{2\sqrt{R\Delta h}}}$$

5.2.2 宽展经验公式

5.2.2.1 西贝尔宽展公式

西贝尔认为接触表面的摩擦力对延伸和宽展有阻碍作用，且摩擦力的大小正比于接触弧长和压下率，据此提出以下宽展经验公式：

$$\Delta b = C \frac{\Delta h}{H}\sqrt{R\Delta h} \qquad (5\text{-}14)$$

这个公式比巴赫契诺夫公式还要简单，在温度高于 1000℃ 时，可取 $C = 0.35$。

5.2.2.2 古布金宽展公式

与西贝尔公式相近，把接触弧长、压下率作为主要影响因素的，还有古布金宽展公式：

$$\Delta b = \left(1 + \frac{\Delta h}{H}\right)\left(f\sqrt{R\Delta h} - \frac{\Delta h}{2}\right)\frac{\Delta h}{H} \qquad (5\text{-}15)$$

这个公式也是在实验基础上得到的。

5.2.2.3 乌沙托夫斯基宽展公示

乌沙托夫斯基在整理宽展数据的基础上提出以下宽展经验公式：

$$\Delta b = b_0\left[1 + \left(\frac{H}{h}\right)^{\omega}\right] \qquad (5\text{-}16)$$

当 $\omega = 10^{-1.269\left(\frac{B}{H}\right)}\left(\frac{H}{2R}\right)^{0.556}$ 时，压下率 $\varepsilon_h < 50\%$ ；

当 $\omega = 10^{-3.457\left(\frac{B}{H}\right)}\left(\frac{H}{2r}\right)^{0.968}$ 时，压下率 $\varepsilon_h > 50\%$ 。

5.2.2.4 El-Kalay 和 Sparling 的宽展公式

El-Kalay 和 Sparling 提出宽展系数计算的经验公式：

$$\Delta b = a \times \exp\left[-b\left(\frac{B}{H}\right)^c\left(\frac{H}{R}\right)^d\left(\frac{\Delta h}{H}\right)^e\right] \tag{5-17}$$

式中 a，b，c，d，e——常数，无量纲。

常数 a，b，c，d，e 取决于工作辊表面的粗糙度和氧化铁皮条件。

5.3　板坯立轧横向不均匀变形计算模型

立轧横向不均匀变形的突出特点就是在板坯边部出现狗骨形，通常用 4 个参数描述狗骨变形的参数，如图 5-2 所示。

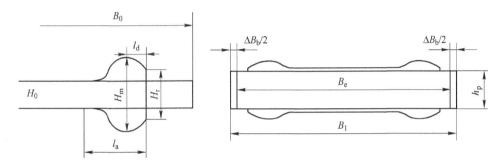

图 5-2　板坯立轧的狗骨形及其平轧后的回展

图 5-2 中 H_m 表示狗骨变形的峰值厚度；H_r 表示与轧辊接触处的轧件厚度；l_d 表示狗骨峰位置；l_a 表示狗骨变形影响范围。

立轧压下量为

$$\Delta B_e = B_0 - B_e \tag{5-18}$$

立轧后平轧产生的宽展分为两部分：狗骨形回展部分 ΔB_b 和扣除狗骨形回展之外的轧件自然宽展 ΔB_s。

$$B_1 = B_e + \Delta B_b + \Delta B_s \tag{5-19}$$

国内外的研究者们通过理论分析和实验研究，给出了计算上述 4 个参数的公式。田添等人提出了计算狗骨峰值厚度的计算式：

$$H_m = H_0\left[1 + 0.69\left(\frac{\Delta B_e}{B_e}\right)^{0.60}\left(\frac{R_e}{B_e}\right)^{-0.35}\left(\frac{H}{B_0}\right)^{0.29}\right] \tag{5-20}$$

式中 R_e——立辊半径；

B_0——侧压前的轧件宽度；

B_e ——侧压后的轧件宽度；

ΔB_e ——侧压量。

冈户克等人给出的狗骨参数公式如下（以下简称冈户克公式）：

狗骨形峰值厚度：

$$H_m = h_0(1 + 0.098h_0^{-0.44}\Delta B_e^{0.70})\tag{5-21}$$

与轧辊接触处的轧件厚度：

$$H_r = h_0 + 0.028h_0^{0.72}\Delta B_e^{0.73}\tag{5-22}$$

狗骨峰位置：

$$l_d = 4.35h_0^{0.35}\Delta B_e^{0.07}\tag{5-23}$$

狗骨峰影响范围：

$$l_a = 1.65h_0^{0.77}\Delta B_e^{0.20}\tag{5-24}$$

对平轧后鼓形的回展和自然宽展，芝原等人给出了如下计算公式（以下称芝原公式）：

自然宽展：

$$\Delta B_s = B_e\left[\left(\frac{h_0}{h_p}\right)^a - 1\right]\tag{5-25}$$

$$a = \exp\left[-1.64\left(\frac{B_e}{h_0}\right)^{0.376}\left(\frac{B_e}{\sqrt{R_h\Delta h}}\right)^{0.016\frac{B_e}{h_0}}\left(\frac{h_0}{R_h}\right)^{0.015\frac{B_e}{h_0}}\right]\tag{5-26}$$

狗骨形回展：

$$\Delta B_b = b\Delta B_e\left(1 + \frac{\Delta B_s}{B_e}\right)\tag{5-27}$$

$$b = \exp\left[-1.877\left(\frac{\Delta B_e}{B}\right)^{0.063}\left(\frac{h_0}{R_e}\right)^{0.441}\left(\frac{R_e}{B_0}\right)^{0.989}\left(\frac{B_0}{B_e}\right)^{7.591}\right]\tag{5-28}$$

东北大学轧制技术及自动化国家重点实验室对板坯立轧和立轧后平轧过程轧件的变形进行研究，提出了以下狗骨形计算公式和平轧回展公式：

狗骨形峰值厚度：

$$H_m = h_0 + 0.0782\left(\frac{B_0}{h_0}\right)^{0.5702}h_0^{0.6}\Delta B_e^{0.728}\left(\frac{D_e}{B_e}\right)^{-0.1585}\tag{5-29}$$

与轧辊接触处的轧件厚度:

$$H_r = h_0 + 0.01096 \left(\frac{B_0}{B_e}\right)^{0.463} h_0^{0.75} \Delta B_e^{0.9305} \left(\frac{D_e}{B_e}\right)^{-0.2501} \tag{5-30}$$

狗骨峰位置:

$$l_d = 0.0285 \left(\frac{B_0}{B_e}\right)^{-4.3825} h_0^{0.30} D_e^{0.5298} \Delta B_e^{0.5} \tag{5-31}$$

狗骨峰影响范围:

$$l_a = 0.461 \left(\frac{B_0}{B_e}\right)^{-0.4629} h_0^{0.7656} D_e^{0.1546} \Delta B_e^{0.2342} \tag{5-32}$$

狗骨形回展:

$$\Delta B_b = C_e \Delta B_e \tag{5-33}$$

$$C_e = \exp\left[-2.65 \left(\frac{B_0}{B_e}\right)^{3.56} \left(\frac{\Delta B_e}{B_0}\right)^{0.29} \left(\frac{D_e}{B_0}\right)^{0.5\left(\frac{B_e}{h_0}\right)^{-0.125}} \left(\frac{h_0}{B_e}\right)^{0.4}\right] \tag{5-34}$$

自然宽展:

$$\Delta B_s = B_e \left[\left(\frac{h_0}{h_p}\right)^{C_h} - 1\right] \tag{5-35}$$

$$C_h = \exp\left[-1.35 \left(\frac{B_0}{D_h}\right)^{0.055\left(\frac{B_e}{h_0}\right)^{0.125}} \left(\frac{B_e}{h_p}\right)^{0.351} \left(\frac{B_e}{\sqrt{R_h \Delta h}}\right)^{0.125}\right] \tag{5-36}$$

调宽效率:

$$\eta = \frac{\Delta B_e - \Delta B_s - \Delta B_b}{\Delta B_e} \times 100\% \tag{5-37}$$

5.4 强制宽展数学模型

为解决使用小坯料生产宽规格产品的问题,选用带有沟槽的轧辊增宽。国内某钢厂热轧带钢粗轧机组为全连续布置方式,其设备的平面布置如图5-3所示,由两架立辊轧机四架平辊轧机组成。其分布方式为1立(E1)2平(R1,R2)、1立(E2)2平(R3,R4),其中R1和R3轧辊带有沟槽,如图5-4所示。在轧制过程中,轧件外形变化如图5-5所示。

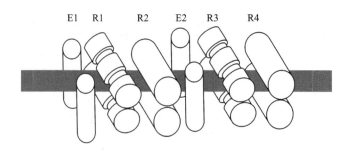

图 5-3 强制宽展轧机布置图

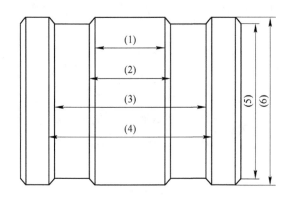

图 5-4 孔型辊平面图

图 5-4 中各部分代号分别是：

（1）内径槽顶宽度 W_in_up；

（2）内径槽底宽度 W_in_bt；

（3）外径槽底宽度 W_sd_up；

（4）外径槽顶宽度 W_sd_bt；

（5）轧辊槽底直径 D_bt；

（6）轧辊槽顶直径 D_up。

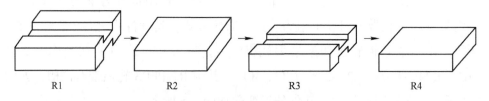

图 5-5 强制宽展轧件形状变化

　　轧件在孔型轧制过程和随后的平轧过程中的变形不同于平辊轧制过程，没有现成宽展模型可用，经过研究分析，采用分区计算法研究宽展。

　　沿轧件宽度方向划分为 5 个区，传动侧和操作侧的两个对称孔型轧制的坯料定为Ⅰ区；孔型轧辊内径槽顶区轧制的坯料定为Ⅲ区；Ⅰ区和Ⅲ区相连的两个过渡区定为Ⅱ区，如图 5-6 所示，分别计算出每个分区的宽度，然后求和即为轧件的总宽度。为了便于计算，将粗轧机组做了一定的简化，认为立辊轧机仅起齐边作用，不参与宽度调节。将全连续粗轧机组的第一机架 R1 和第三机架 R3 设置为上下对称的孔型轧辊，将全连续粗轧机组的第二机架 R2 和第四机架 R4 设置为平辊。

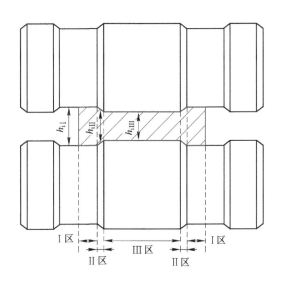

图 5-6　板坯分区方法

　　坯料经过立辊 E1 轧边后，边部产生狗骨形状，因其变形并未渗透到心部，因此，可视为其变形主要发生在Ⅰ区。

　　立辊 E1 在Ⅰ区的压下量 es_{I_1} 为：

$$es_{I_1} = win_{I_1} - weout_{I_1} \tag{5-38}$$

$$win_{I_1} = \frac{1}{2}\left[wslb - \frac{1}{2}(W\_in\_bt_1) \right] \tag{5-39}$$

$$weout_{I_1} = \frac{1}{2}\left[weout_1 - \frac{1}{2}(W\_in\_bt_1) \right] \tag{5-40}$$

式中　　win_{I_1} ——Ⅰ区入口宽度，mm；

$wslb$——钢板宽度，mm；

$weout_{I_1}$——I区立辊E1出口宽度；mm；

$W\_in\_bt_1$——内径槽底宽度，mm。

I区宽厚比 M_{I_1} 为：

$$M_{I_1} = \frac{win_{I_1}}{H_{I_1}} \tag{5-41}$$

式中 H_{I_1}——I区入口厚度，即为钢板厚度，mm。

I区接触弧长为 L_{I_1}：

$$L_{I_1} = \sqrt{R_{I_1} \cdot (H_{I_1} - h_{I_1})} \tag{5-42}$$

式中 h_{I_1}——I区出口厚度；

R_{I_1}——轧辊槽底半径。

I区非狗骨部分自由宽展量：

$$\Delta ws_{I_1} = win_{I_1} \cdot \left[\left(\frac{H_{I_1}}{h_{I_1}} \right)^{A_{I_1}} - 1.0 \right] \tag{5-43}$$

$$A_{I_1} = \exp\left[-1.64 \cdot M_{I_1}^{0.376} \cdot \left(\frac{w_{I_1}}{L_{I_1}} \right)^{0.016 \cdot M_{I_1}} \left(\frac{h_{I_1}}{R_{I_1}} \right)^{0.015 \cdot M_{I_1}} \right] \tag{5-44}$$

I区狗骨部分回复宽展量：

$$\Delta wB_{I_1} = B_{I_1} \cdot es_{I_1} \left(\frac{h_{I_1}}{H_{I_1}} \right)^{A_{I_1}} \tag{5-45}$$

$$B_{I_1} = \exp\left[-1.877 \cdot \left(\frac{es_{I_1}}{win_{I_1}} \right)^{0.063} \cdot \left(\frac{h_{I_1}}{R_{e_1}} \right)^{0.441} \cdot \right.$$
$$\left. \left(\frac{R_{e_1}}{win_{I_1}} \right)^{0.989} \cdot \left(\frac{win_{I_1}}{weout_{I_1}} \right)^{7.591} \right] \tag{5-46}$$

式中 R_{e_1}——立辊E1的半径，mm。

I区出口宽度值：

$$wout_{I_1} = weout_{I_1} + cw_{I_1} \cdot (\Delta ws_{I_1} + \Delta wB_{I_1}) \tag{5-47}$$

式中 cw_{I_1}——宽度自学习系数。

同样的方法也可以得到Ⅲ区出口宽度 $wout_{\mathbb{I}_1}$。

Ⅱ区金属宽展可以大致认为是金属横向流动，因为长度方向的阻力远比宽度方向上的大，如图 5-7 所示。根据体积不变法则，Ⅱ区金属宽展可以按如下公式推导出来：

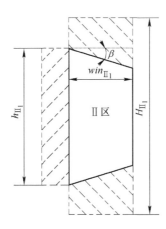

图 5-7 R1 轧制时Ⅱ区金属变形

$$\Delta ws_{Ⅱ_1} = \frac{2\left[\left(H_{Ⅱ_1} - h_{Ⅱ_1}\right) \cdot win_{Ⅱ_1} + 0.5 \cdot win_{Ⅱ_1}^2 \cdot \tan\beta\right]}{h_{Ⅱ_1}} \qquad (5\text{-}48)$$

式中　$win_{Ⅱ_1}$——Ⅱ区出口宽度，$win_{Ⅱ_1} = \dfrac{W\_in\_bt_1 - W\_in\_up_1}{2}$，mm；

　　　$H_{Ⅱ_1}$——Ⅱ区出口厚度，数值等于板坯厚度，mm；

　　　β——槽顶角度。

Ⅱ区出口宽度：

$$wout_{Ⅱ_1} = win_{Ⅱ_1} + cw_{Ⅱ_1} \cdot \Delta ws_{Ⅱ_1} \qquad (5\text{-}49)$$

式中　$cw_{Ⅱ_1}$——宽度自学习系数。

第一机架板坯宽度：

$$wout_1 = 2 \cdot wout_{Ⅰ_1} + 2 \cdot wout_{Ⅱ_1} + wout_{Ⅲ_1} \qquad (5\text{-}50)$$

第一机架 R1 轧制后，板坯横截面变成哑铃状，板坯边部厚，中间薄，经过第二机架 R2 平轧后将产生更大的金属横向流动。

R2 机架Ⅰ区出口处的宽厚比：

$$M_{Ⅰ_2} = \frac{win_{Ⅰ_2}}{H_{Ⅰ_2}} \qquad (5\text{-}51)$$

式中　$H_{Ⅰ_2}$——R2 机架Ⅰ区入口厚度，即为对应的等于 R1 机架出口厚度；

win_{I_2}——R2 机架 I 区入口宽度，即为对应的 R1 机架出口宽度。

I 区接触弧长：

$$L_{I_2} = \sqrt{R_{I_2} \cdot (H_{I_2} - h_{I_2})} \tag{5-52}$$

式中　h_{I_2}——R2 机架 I 区出口厚度；

　　　R_{I_2}——R2 机架轧辊半径，mm。

R2 机架轧制后 I 区宽展量：

$$\Delta ws_{I_2} = win_{I_2} \cdot \left[\left(\frac{H_{I_2}}{h_{I_2}} \right)^{A_{I_1}} - 1.0 \right] \tag{5-53}$$

$$A_{I_2} = \exp\left[-1.64 \cdot M_{I_2}^{0.376} \cdot \left(\frac{w_{I_2}}{L_{I_2}} \right)^{0.016 \cdot M_{I_1}} \left(\frac{h_{I_2}}{R_{I_2}} \right)^{0.015 \cdot M_{I_1}} \right] \tag{5-54}$$

R2 机架轧制后 I 区宽度：

$$wout_{I_2} = win_{I_2} + cw_{I_2} \cdot \Delta ws_{I_2} \tag{5-55}$$

式中　cw_{I_2}——宽度自学习系数。

同样的方法也可以得到 III 区出口宽度 $wout_{III_2}$。

II 区厚度方向形状近似为等腰梯形，所以 II 区厚度可以用平均值来代替，如图 5-8 所示。R2 机架 II 区入口宽厚比：

$$M_{II_2} = \frac{win_{II_2}}{h_{II_1} - \tan\beta \cdot win_{II_2}} \tag{5-56}$$

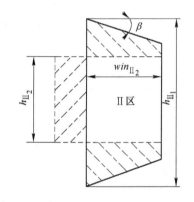

图 5-8　R2 轧制 II 区金属变形

式中　h_{II_1}——R2 机架 II 区入口厚度，即为 R1 机架 II 区出口厚度，mm；

　　　win_{II_2}——R2 机架 II 区入口宽度，即为 R1 机架 II 区出口宽度，mm。

II 区接触弧长：

$$L_{II_2} = \sqrt{R_{II_2} \cdot (h_{II_1} - \tan\beta \cdot win_{II_2} - h_{II_2})} \tag{5-57}$$

式中　h_{II_2}——R2 机架 II 区出口厚度，mm；

　　　R_{II_2}——R2 半径。

R2 机架 II 区宽展量：

$$\Delta ws_{II_2} = win_{II_2} \cdot \left[\left(\frac{H_{II_2}}{h_{II_1} - \tan\beta \cdot win_{II_2}} \right)^{A_{II_1}} - 1.0 \right] \tag{5-58}$$

$$A_{\text{II}_2} = \exp\left[-1.64 \cdot M_{\text{II}_2}{}^{0.376} \cdot \left(\frac{w_{\text{II}_2}}{L_{\text{II}_2}}\right)^{0.016 \cdot M_{\text{II}_2}} \left(\frac{h_{\text{II}_2}}{R_{\text{II}_2}}\right)^{0.015 \cdot M_{\text{II}_2}} \right] \tag{5-59}$$

R2 机架 II 区出口宽度:

$$wout_{\text{II}_2} = win_{\text{II}_2} + cw_{\text{II}_2} \cdot \Delta ws_{\text{II}_2} \tag{5-60}$$

式中　cw_{II_2}——宽度自学习系数。

板坯 R2 机架出口宽度:

$$wout_2 = 2 \cdot wout_{\text{I}_2} + 2 \cdot wout_{\text{II}_2} + wout_{\text{III}_2} \tag{5-61}$$

利用相同的方法可以计算出板坯通过机架 R3 的出口宽度 $wout_3$ 和通过机架 R4 的出口宽度 $wout_4$。

计算完出口宽度, 轧制力的计算也非常重要, 所以利用分区的方法计算出每个分区 (I 区, II 区, III 区) 的变形抗力, 由 Moon 等人确立的变形抗力模型如下:

$$\sigma_s = \exp(C_{ch}) r^{n_r} \left(\frac{2}{\sqrt{3}} \frac{C \cdot V_R}{\sqrt{R \cdot H_1}}\right)^n \exp\left(\frac{T_0}{T_1}\right) \tag{5-62}$$

$$C_{ch} = -0.0408123 + 0.8162w(\text{C}) + 0.21411w(\text{Si}) + 0.062358w(\text{Mn}) +$$
$$0.68015w(\text{P}) - 2.1513w(\text{V}) - 0.45541w(\text{Ni}) - 0.23888w(\text{Mo}) +$$
$$0.16039w(\text{Cr}) + 3.5199w(\text{Ti}) \tag{5-63}$$

$$n_r = 0.228308 + 0.42157w(\text{C}) \tag{5-64}$$

式中　$n = 0.054011$;

　　　$T_0 = 6311.14$;

　　　$C = 1.3342$;

　　T_1——轧制温度;

　　R——立辊直径;

　　H_1——入口板坯厚度, 也是立辊轧制时的宽度;

　　V_R——轧制速度。

5.5　有限元模型的验证

DEFORM 是一套基于工艺模拟系统的有限元分析系统, 专门设计用于各种金属成型过程中的流动, 提供极有价值的工艺分析数据及有关成型过程中的材料和温度流动。DEFORM 的理论基础是经过修订的拉格朗日定理, 属于刚塑性有限元法, 其材料模型包括刚性材料模型、塑性材料模型、多孔性材料模型和弹塑性材料模型。DEFORM-2D 的单元类型是四边形，3D 的单元类型是经过特殊处理的四面体，四面体单元比六面体单元容易实现网格重划分。DEFORM 软件有强大的网格重划分功能，当变形量超过设定值时自动进行网格重划分。在网格重划分时，工件的体积有部分损失，损失越大，计算误差就越大，DEFORM 在同类软件中体积损失最小。

建立有限元模型模拟分析强宽轧制和普通平轧的区别，然后模拟了槽顶宽度、槽顶角度、压下量和摩擦因数对强迫宽展的影响规律，最后用现场生产数据和有限元模拟结果去验证宽展数学模型的精度，确保精度满足现场应用要求。

5.5.1　强迫宽展分析

5.5.1.1　R1 孔型轧制对宽展影响

由图 5-9 所示，孔型轧制时轧件中部压下变形明显大于边部，中部压下变形较大处网格产生了较大的横向伸长，平辊轧制时网格变形基本一致；分析图中应变，孔型轧制时轧件中部应变大于边部应变，平辊轧制时应变分布比较均匀，和网格变形对应一致；对比图 5-9a 和 b，孔型轧制过程变形主要集中在轧件与轧辊槽顶接触的中部区域和过渡区，平辊轧制过程变形沿宽度方向上基本一致。

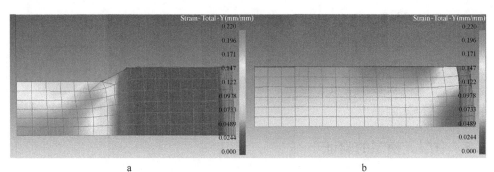

图 5-9　不同轧制过程横向应变云图

a—孔型轧制；b—平辊轧制

轧制过程中轧件高度方向受到轧辊的压缩作用，被压下来的体积，将按最小阻力定律沿着纵向和横向流动，沿着横向流动的体积引起宽展变化。由

表5-1可知，在平均压下量一致的情况下，孔型轧制更有利于宽展增加，本例中增大了9.9mm。这是由于孔型轧制时中部压下量大，边部压下量小，造成延伸不一致，中部金属受附加压应力作用，延伸受阻，迫使金属横向移动增加宽展；再者，孔型轧辊过渡区对轧件有一个向外的分力，迫使金属横向流动，增加宽展。

表5-1　不同轧制过程R1宽展

轧制过程	孔型轧制	平辊轧制
R1宽展/mm	23.5	13.6

5.5.1.2　R2轧制对宽展影响

如图5-10所示，经过R2平轧后，轧件横截面形状基本一致，所有网格高向压缩，横向伸长，但是强宽轧制的横向应变明显大于平辊轧制，在强宽轧制中，横向应变大，分布不均匀，在轧件的中部和四分之一宽度处的心部为主要变形区域，最大值出现在表面层的过渡区和棱边，而平辊轧制中，横向应变较小，分布均匀，在上表面棱边应变最大，侧面中部应变最小。

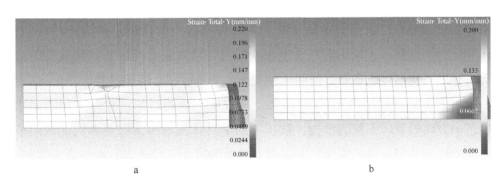

图5-10　R2轧制后横向应变云图

a—强宽轧制；b—平辊轧制

由表5-2可知，在平均压下量一致的情况下，强宽轧制更有利于宽展增加，强制宽展中R2轧制增宽作用明显，这是因为强宽轧制时边部压下量大，中部压下量小，造成延伸不一致，边部金属受附加压应力作用，延伸受阻，迫使金属横向移动增加宽展；再者，孔型轧辊过渡区对轧件有一个向外的分力，减小金属横向流动阻力，增加宽展。

对比表 5-1 和表 5-2，强宽轧制中 R1 宽展小于 R2，说明边部大压下的增宽作用要比中部大压下强。

表 5-2　不同轧制过程 R2 宽展

轧制过程	孔型轧制	平辊轧制
R2 宽展/mm	31.1	12.7

5.5.2　压下量对轧制过程宽展的影响

在研究压下量对全连续粗轧过程强迫宽展的影响时，研究了前两个机架 R1、R2 的轧制过程，分别分析压下量对孔型轧制和平辊轧制时宽展的影响。

5.5.2.1　压下量对 R1 宽展的影响

为研究压下量对孔型轧制时宽展的影响，设计模拟实验，不同压下量的孔型轧制截面时，轧件横断面上高向和横向变形规律基本相同，只是因为压下量不同造成出口高度有所差异。轧件中部压下变形明显大于边部，中部压下量较大，网格产生了较大的横向伸长，并且压下量越大越明显。轧件截面横向应变分布规律基本相同，只是大小有所差异。随着压下量的增大轧件横向应变逐渐增大，最大横向应变发生在轧件与内径槽顶相接触部分的心部，还有轧件的过渡区，最小应变发生在轧件与外径槽底宽度接触处和轧件的边部，和网格变形对应良好。说明轧件变形主要集中在心部和过渡区。

由表 5-3、表 5-4 和图 5-11 可知，随着压下量的增加，轧件宽展不断增加，一方面随着压下量的增加，被压下的金属体积增多，有更多的金属向横向流动增加宽展，另一方面压下量越大轧制力越大，过渡区的水平分力增加，减小了金属横向移动的阻力，增加宽展。

表 5-3　模拟计算的轧制工艺参数

R1 轧制速度/r·min⁻¹	R1 压下量/mm	摩擦系数
20	25，30，35，40，45，50，55	0.5

表 5-4　不同压下量 R1 宽展量

压下量/mm	25	30	35	40	45	50	55
R1 宽展/mm	14.3	16.8	18.2	21.6	27.9	31.2	33.5

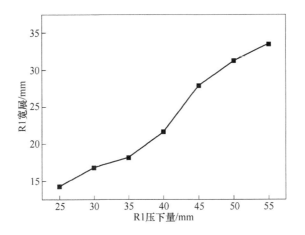

图 5-11　R1 压下量对宽展的影响

5.5.2.2　压下量对 R2 宽展的影响

为了研究孔型轧制和平辊轧制如何分配压下量才能获得最大出口宽度，设定 R2 出口厚度一致，设计实验如表 5-5 所示。平轧后，轧件的横截面形状基本相同，轧件变形规律基本一致，所有网格高向压缩，横向伸长，轧件过渡区网格畸变严重。

表 5-5　不同压下量分配

R1 压下量/mm	25	30	35	40	45	50	55
R2 压下量/mm	45	40	35	31	25	20	15
总压下量/mm	70	70	70	70	70	70	70

平轧后轧件横截面横向应变分布规律基本相同，只是大小随压下量分配的改变而有所差异。R1 分配压下量越大横向应变越大，R1 对宽展的影响作用要比 R2 大，但是 R2 宽展却大于 R1 宽展，孔型轧制后平轧的增宽效果要比孔型轧制时大。要想得到大宽展时，在轧机允许的情况下要增大 R1 的压下量。最大横向应变发生在轧件表面的过渡区和棱边，说明在这些位置轧件横向变形大。

由表 5-6 可知，随着 R2 压下量的增大，宽展不断增大，R2 压下量为 15mm 时宽展最小，为 31.5mm，压下量为 45mm 时宽展最大，为 37.6mm。由

图5-12可知，压下量小于35mm时宽展增加缓慢，大于35mm时宽展增加迅速，符合指数函数关系。

表 5-6　不同压下量下 R2 宽展

R2 压下量/mm	15	20	25	30	35	40	45
R2 宽展/mm	31.5	31.7	32.5	32.8	33.2	35.0	37.6

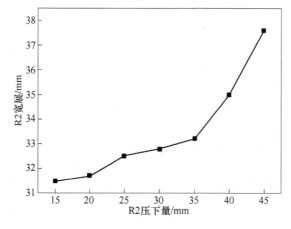

图 5-12　R2 压下量对 R2 宽展的影响

由表5-7和图5-13可知，随着R1压下量的增大R2出口宽度增大，R1压下量小于35mm时，R2出口宽度变化不大，为451.5mm左右，R1压下量大于35mm时，R2出口宽度迅速增加，在压下量分配（50-20）时最大，为462.9mm；当R1压下量大于50mm时，R2出口宽度略有降低，对比表5-4和表5-5可知，压下量对R1宽展的影响要比R2大得多，R2轧制过程中宽展极差为6.1mm，而R1轧制过程中极差为19.2mm。所以当总压下量一致时，R1压下量越大越有利于宽展（图5-13中横坐标50-20表示R1压下量50mm，R2压下量20mm）。

表 5-7　不同压下量分配下 R2 出口总宽展量

压下量分配 R1-R2	25-45	30-40	35-35	40-30	45-25	50-20	55-15
R2 出口总宽展量/mm	51.9	51.8	51.4	54.4	60.4	62.9	62.0

5.5.3　槽顶宽度对宽展的影响

在研究槽顶宽度对宽展影响时，设计了前两机架轧制实验，其中 R1 槽顶

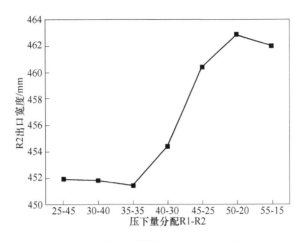

图 5-13　不同压下量分配下 R2 出口宽度

宽度分别取 100mm、150mm、200mm、250mm、300mm、350mm。

5.5.3.1　槽顶宽度对 R1 宽展的影响

轧件中部压下较大，边部压下较小，中部网格横向伸长大于边部。横向应变分布基本相同，只是各横向应变的大小和分布区域的大小随槽顶宽度改变而有所差异。随着槽顶宽的增加，中部网格横向应变程度减小，但是应变区域变大，最大横向应变发生在轧件与槽顶接触部分的心部，还有轧件的过渡区，最小应变发生在轧件边部。

由表 5-8 可知，随着槽顶宽度增加，R1 宽展增加，这是因为槽顶宽度增大，在压下量相同时，孔型截面积变小，压下的金属量增大，压下来的金属将沿着横向和纵向流动，横向流动的体积导致轧件宽展增加。槽顶宽度 100mm 时，R1 宽展最小，为 19.2mm，槽顶宽度 300mm 时，宽展最大，为 29.2mm。由图5-14可知，两者的线性关系比较强，随着槽顶宽度的增加，宽展基本上成正比例增加。虽然由图 5-14 可知随着槽顶宽度的增加，中部网格应变程度减小，不利于宽展增加，但是变形区范围增加却有益于宽展的增加，并且起主要作用。

表 5-8　不同槽顶宽度下 R1 宽展

槽顶宽度/mm	100	150	200	250	300
R1 宽展/mm	19.2	21.2	24.0	26.3	29.2

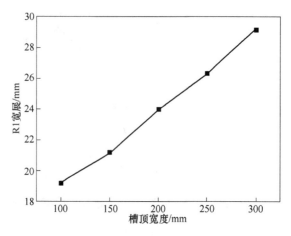

图 5-14 槽顶宽度对 R1 宽展的影响

5.5.3.2 槽顶宽度对 R2 宽展的影响

平辊轧制后,轧件的横截面形状基本相同,所有网格高向压缩,横向伸长,轧件横截面横向应变分布基本相同,只是横向应变的大小随槽顶宽度改变而有所差异。应变程度随着槽顶宽度的增大,先增大后减小,当槽顶宽度为 200~250mm 时,横向应变最大。

由表 5-9 和图 5-15 可知,随着槽顶宽度的增加,R2 宽展先增大后减小,内径槽顶宽度为 100mm 时,宽展 24.4mm,在内径槽顶宽度为 200mm 时出现最大宽展 29.4mm,然后变小,在内径槽顶宽度为 300mm 时,宽展最小,为 21.2mm。

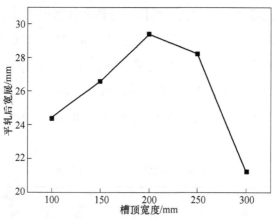

图 5-15 槽顶宽度对 R2 宽展的影响

表 5-9　不同槽顶宽度下 R2 轧制后宽展

槽顶宽度/mm	100	150	200	250	300
R2 宽展/mm	24.4	26.6	29.4	28.3	21.2

当槽顶宽度从 100mm 到 200mm 时，宽展呈线性增加，200mm 到 250mm 时，下降平缓，250mm 到 300mm 时，宽展迅速下降，在槽顶宽度占比为 50%~60%时宽展较大。

由表 5-10 和图 5-16 可知，随着槽顶宽度的增加，R2 出口宽度先增大后减小，槽顶宽度为 100mm 时，出口宽度为 443.6mm，槽顶宽度为 200mm 时，R2 出口宽度最大，为 453.5mm，槽顶宽度为 300mm 时，R2 出口宽度为 450.4mm，槽顶宽度小于 200mm 时，R2 出口宽度迅速增加，当槽顶宽度大于 200mm 后，出口宽度缓慢下降，表明槽顶宽度小于轧件宽度一半时，对出口宽度影响很大，槽顶宽度大于轧件宽度一半后，对出口宽度影响变小。

表 5-10　不同槽顶宽度下 R2 出口宽度

槽顶宽度/mm	100	150	200	250	300
R2 出口宽度/mm	443.6	447.8	453.5	451.9	450.4

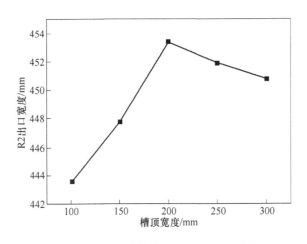

图 5-16　槽顶宽度对 R2 出口宽度的影响

5.5.4　槽顶角度对宽展的影响

在研究槽顶角度对孔型轧制过程宽展影响时，设 R1 槽顶宽度为定值，200mm，槽顶角度分别取 25°、35°、45°、55°、65°，如图 5-17 所示，其他轧制条件不变。

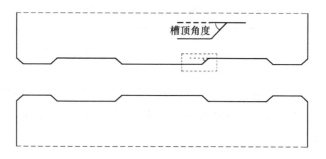

图 5-17 槽顶角度

5.5.4.1 槽顶角度对 R1 宽展的影响

不同槽顶角度的孔型轧制时，稳定轧制后轧件横断面上网格变形规律相同，轧件与槽顶接触处高向变形明显大于边部，并产生了较大的横向伸长。轧件横截面横向应变分布基本相同，只是横向应变的大小随槽顶角度的改变而有所不同。随着槽顶角度的增大轧件中部横向应变不断增大，最大值出现在中心部和过渡区，而边部横向应变几乎为零，说明轧件宽展主要来自强迫宽展区的变形。

由表 5-11 和图 5-18 可知，槽顶角度对宽展有很大影响，随着角度的增大，宽展先增大后减小，25°时 R1 宽展为 21.6mm，45°时宽展最大，为24.3mm，然后减小，65°时宽展最小，为 21.3mm。且 35°到 45°时宽展变化趋势比 45°到 55°要大。

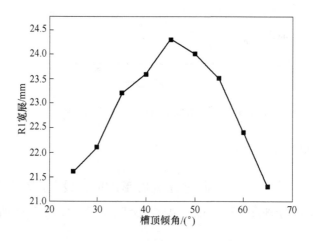

图 5-18 宽展槽顶角度对 R1 宽展的影响

表 5-11 不同槽顶角度下 R1 宽展

槽顶角度/(°)	25	30	35	40	45	50	55	60	65
R1 宽展/mm	21.6	22.1	23.2	23.5	24.3	23.7	23.4	22.4	21.3

R1 宽展变化规律与槽顶压下的金属体积和金属质点横向阻力与纵向阻力比值的大小有关。当槽顶角度增加时，孔型面积增大，压下的总体积减小，平均压下量减小，不利于宽展；但是槽顶角度增加，斜面驱动轧件的水平分力增大，金属质点横向流动阻力相对减小，利于宽展增大。两者共同决定 R1 宽展变化规律。

5.5.4.2 槽顶角度对 R2 宽展的影响

由表 5-12 可知，槽顶角度对 R2 宽展影响很小，宽展稳定在 30.3mm 左右，在 30°时取最大宽展，为 30.7mm，在 60°时宽展最小，为 30.0mm，极差只有 0.7mm。由图 5-19 可知，随着槽顶角度增大，R2 宽展基本符合单调递减的规律。

表 5-12 不同槽顶角度下 R2 宽展

槽顶角度/(°)	25	30	35	40	45	50	55	60	65
R2 宽展/mm	30.6	30.7	30.5	30.5	30.3	30.2	30.1	30.0	30.1

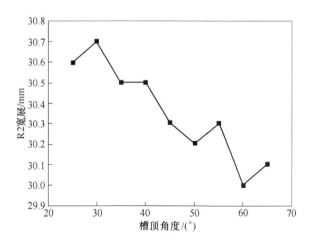

图 5-19 槽顶角度对 R2 宽展的影响

由表 5-13 和图 5-19 可知，R2 出口宽度随着槽顶角度的增大而先增大后减小，在 45°时取得最大值，为 454.6mm。图 5-19 和图 5-20 趋势基本一样，说明槽顶角度对 R1 宽展影响比较大。

表 5-13　不同槽顶角度下 R2 出口宽度

槽顶倾角/(°)	25	30	35	40	45	50	55	60	65
R1 宽展/mm	452.2	452.8	453.6	453.8	454.6	453.9	453.4	452.4	451.1

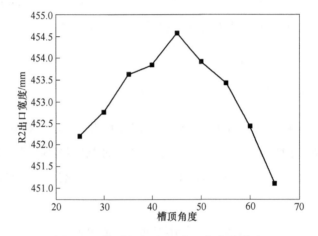

图 5-20　槽顶角度对 R2 出口宽度的影响

5.5.5　摩擦系数对宽展的影响

在研究摩擦系数对宽度影响时，摩擦系数分别取 0.1、0.2、0.3、0.4、0.5、0.6、0.7。由图 5-21 可知，摩擦系数对出口宽度有重要影响，随着摩擦系数的增大，R2 出口宽度逐渐增大，摩擦系数 0.1 时，R2 出口宽度458.4mm，摩擦系数 0.6 时，R2 出口宽度 463.7mm，摩擦系数为 0.3 到 0.5时对出口宽度影响较大，大于 0.5 或小于 0.3 时对出口宽度影响变小。当摩擦系数增大时，轧辊的工具形状系数增大，因此使纵向阻力和横向阻力比值增大，增加宽展。

5.5.6　实际应用对比

为了解决少量连铸坯生产多种宽度规格的产品。国内某厂全连续粗轧机组由两架立辊轧机四架平辊轧机组成，其布置方式为 1 立（E1）2 平

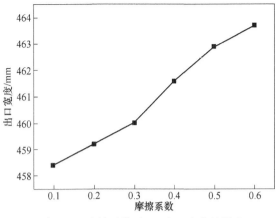

图 5-21 摩擦系数对 R2 出口宽度的影响

(R1，R2)、1 立 (E2) 2 平 (R3，R4)，如图 5-22 所示。其中水平辊 R1 和
R3 设计具有两个凹槽，其外形如图 5-23 所示，R2、R4 为普通辊。

图 5-22 全连续粗轧机组

连铸坯材料为 Q235，板坯出炉温度 1160℃，板坯宽度的热状态
405.1mm，目标宽度的热状态 484.2mm，水平轧机最大轧制力是 7000kN，电
机额定功率 2250kW，最大轧制力矩是 650kN·m，立辊轧机最大轧制力
1000kN，电机额定功率 300kW，最大轧制力矩 120kN·m，E1 入口速度时
0.576m/s，最后一机架 (R4) 的出口速度是 2.0m/s，轧制规程见表 5-14。

为了验证数学模型的精度，将现场数据，有限元模拟结果和数学模型计
算结果进行对比，得到各机架轧制力变化规律，如图 5-24 所示。比较四个粗

图 5-23 孔型轧辊外观

表 5-14 全连续粗轧机组的轧制规程

机架	入口厚度 /mm	出口厚度 /mm	辊缝 /mm	轧制力 /kN	出口速度 m/s	出口宽 /mm	出口温度 /℃
E1	152. 23	152. 23	405. 42	153. 4	0. 576	405. 32	1155. 19
R1	152. 23	112. 73	101. 20	3578. 95	0. 707	436. 94	1141. 98
R2	112. 73	79. 60	78. 05	3511. 32	0. 945	459. 88	1130. 17
E2	79. 60	79. 60	457. 08	110. 3	0. 991	458. 22	1121. 37
R3	79. 60	54. 11	44. 93	3541. 94	1. 328	479. 99	1095. 05
R4	54. 11	35. 00	33. 32	3717. 97	2. 000	493. 02	1080. 85

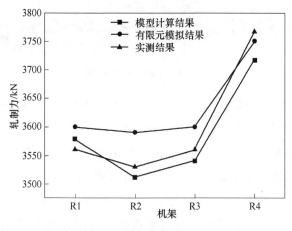

图 5-24 各机架轧制力对比

轧机架（R1，R2，R3，R4）的轧制力发现，数学模型计算结果和现场生产数据以及有限元模拟结果相差不大，该模型可以用来计算强宽轧制时的宽展，比较现场实测宽度和模型计算宽度，宽度误差 0~5mm 以内，结果如图 5-25 所示。该数学模型计算简单快捷，精度符合生产要求，非常适合在线控制。

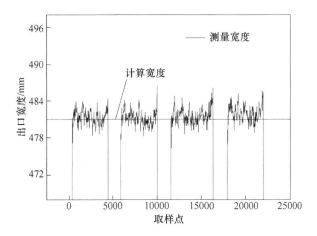

图 5-25 强制宽展后测量宽度

6 全连续热连轧过程控制系统

6.1 过程控制系统应用平台

6.1.1 平台架构设计

参考当前过程控制系统的最新趋势，并考虑 PC 服务器的性能能够保证系统的要求，采用了通用 PC 服务器作为载体，设计 RAS 轧机过程控制系统应用平台在体系结构上分为 4 层，如图 6-1 所示。最下层为系统支持层，操作系统使用 Windows Server 2015；第二层为软件支持层，数据中心使用 Oracle 11g，存储过程数据和实时数据；系统配置库使用 Access 数据库，存储系统配置文件，包括服务器 IP，端口号等初始配置；第三层为系统管理层，由系统管理中心（RASManager）和核心动态库组成；最上层为应用层，是系统具体工作进程，负责系统各个功能的具体实现。

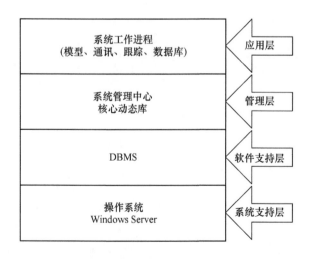

图 6-1　过程控制系统分层结构

6.1.2 过程控制系统进程线程设计

考虑平台多任务性并行的特点，在进程级上采用一功能模块对应一进程，线程级上采用以线程对应一任务的模式。每个服务器有 5 个基本进程：系统主服务进程——系统管理中心 RASManager、网关进程 RASGateWay、数据采集和数据管理进程 RASDBService、跟踪进程 RASTrack 和模型计算进程 RAS-Modal，分别负责系统维护、网络通讯、系统的数据采集和数据管理、带钢跟踪和模型计算，如图 6-2 所示。

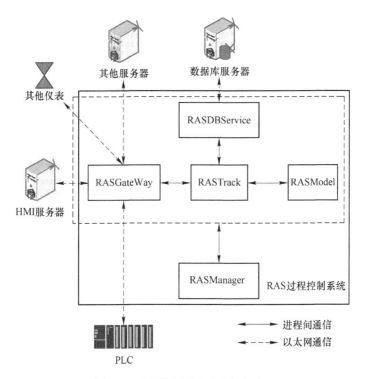

图 6-2 过程控制平台进程级结构

图 6-2 中虚线方框中的 4 个进程是工作者进程，每一个进程都是由系统主服务进程 RASManager 负责启动和停止，并监视他们的工作状态；每一个工作者进程又有他自己的主服务线程和工作者线程池，工作者线程池中是负责具体任务的工作者线程，系统进程线程关系如图 6-3 所示。考虑系统容错性，平台进程级和线程级上都设计有自己的心跳信号检测机制。即主服务进程和主服务线程对每一个工作者进程和工作者线程都有心跳检测用于系统监控各

个进程和线程的工作状态。如果发现哪个工作者进程或线程心跳信号不正常，就会迅速报警并重启。

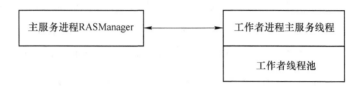

图 6-3 进程线程关系

以热连轧精轧服务器为例，RASDBService 进程中具体任务线程如表 6-1 所示，进程主线程名和进程名一致，另有 19 个工作线程来分别完成不同的工作。1、8、9、10 和 11 号线程为预留线程供日后扩展备用，2 号线程为 HMI 存储线程 HMIDataW，主要用来存储和 HMI 交互的一些重要数据和时间点，例如操作工操作 HMI 的操作记录，可以作为轧线事故错误分析的重要依据；3 号线程为 PDI 存储线程 PDIDataW，主要存储带钢原始数据和参数；4 号线程为 PLC 存储线程 PLCDataW，主要负责存储轧制过程中的 PLC 传过来的实时数据；5 号线程为模型计算结果存储线程 ModelDataW，负责存储模型设定计算和自学习计算出来的计算结果；7 号线程为系统环境读取线程 EnvironmentR，负责在系统启动时读取客户机 IP、端口号和一些环境参数；12 号线程为精轧过程数据存储线程 FMDataW，负责写入精轧机组在轧钢时的各机架设定和实测轧制力、轧辊速度、活套角度、电机电流等；13 号线程为冷却过程数据存取线程 CoolDataW，负责把各个集管的健康状态、设定和实测流量、压力等写入数据库；14～19 号线程是曲线绘制线程，负责把精轧出口厚度、精轧入口温度、精轧出口温度、精轧出口宽度记录下来，供报表查询时曲线绘制。

表 6-1 数据库服务进程中各工作者线程

进程名	线程序号	工作者线程名	备　注
RASRASDBService	1	EnvironmentW	系统环境存储线程（预留）
	2	HMIDataW	HMI 存储线程
	3	PDIDataW	PDI 存储线程
	4	PLCDataW	PLC 存储线程
	5	ModelDataW	模型计算结果存储线程
	6	Logger2DB	日志报警存储线程

进程名	线程序号	工作者线程名	备　注
	7	EnvironmentR	系统环境读取线程
	8	HMIDataR	HMI 读取线程（预留）
	9	PDIDataR	PDI 读取线程（预留）
	10	PLCDataR	PLC 读取线程（预留）
	11	ModelDataR	模型计算结果读取线程（预留）
RASRASDBService	12	FMDataW	精轧数据写入线程
	13	CoolDataW	冷却模型计算数据写入线程
	14	ChartThkFMExit	精轧出口厚度记录线程
	15	hartTemFMEntry	精轧入口温度记录线程
	16	ChartTemFMExit	精轧出口温度记录线程
	17	ChartWidFMExit	精轧出口宽度记录线程

RASGateWay 进程中具体任务线程如表 6-2 所示，进程主线程名和进程名一致，另有 12 个工作线程来分别完成不同的工作。1、2 号线程为过程机和基础自动化通讯线程，负责周期和基础自动化进行通讯；3、4 号线程为 HMI 通讯线程，也是周期进行通讯，负责和 HMI 进行数据交互；5、6 号为过程机间心跳检查通讯；7、8 号线程为过程机间数据通讯；9 号线程为模拟出钢线程，负责操作人员测试系统使用；10 号线程为测厚仪数据发送线程，负责给测厚仪发送钢卷合金含量等信息；11 号为宽度数据发送线程，当带钢完成精轧后精轧服务器负责给粗轧服务器发送当前带钢宽度数据供粗轧模型自学习使用。

表 6-2　网关服务进程中各工作者线程

进程名	线程序号	线程名	备　注
	1	DataService	数据交换线程
	2	PLCProcess	PLC 通讯线程
	3	ReadHMI	HMI 通讯线程
	4	HMIProcess	HMI 通讯线程
	5	mSender	消息信号发送线程
RASGateWay	6	mReceiver	消息信号监听线程
	7	dSender	数据发送线程
	8	dReceiver	数据接收线程
	9	PDIPackageTest	PDI 模拟数据包发送线程
	11	GaugeSend	测厚仪发送线程
	12	WidthSend	宽度发送线程（给粗轧）

RASModel 进程中具体任务线程如表 6-3 所示,进程主线程名和进程名一致,另有模型设定线程和模型自学习线程。带钢在轧线上将会有 3 次设定计算和 2 次自学习计算。

表 6-3 模型服务进程中各工作者线程

进程名	线程序号	线程名	备 注
RASModel	1	ModelSetup	模型计算线程
	2	SelfLearn	模型自学习线程

RASTrack 进程中具体任务线程如表 6-4 所示,进程主线程名和进程名一致,1、2 号线程分别负责跟踪 PLC 和 HMI 信号,并进行相应的功能调度和数据采集,这两个线程是整个系统的总指挥;3、4 号线程为预留线程,方便后续功能扩展。

表 6-4 跟踪服务进程中各工作者线程

进程名	线程序号	线程名	备 注
RASTrack	1	PLCTracker	PLC 跟踪线程
	2	HMITracker	HMI 跟踪线程
	3	PDITracker	轧件跟踪线程(预留)
	4	Controler	过程控制线程(预留)

其他服务器(热连轧粗轧或者冷却、中厚板轧机服务器)系统架构和精轧相同,只是各自的模型进程计算的内容和数据库服务进程的几个工作线程储存的数据不同。

过程控制系统的系统运行与维护通过 RASManager 进程来完成,运行画面如图 6-4 所示。界面上方菜单栏和工具条区域用于整个系统的启动、停止、进程查看重启等操作;右边侧边栏按钮是一些功能按钮,包括实时刷新查看 PLC 和 HMI 通讯变量、模拟来料信号测试等实用功能;中间区域为日志(变量)显示区;下方状态栏指示各个服务器在线状态:绿色表示在线,红色表示离线。

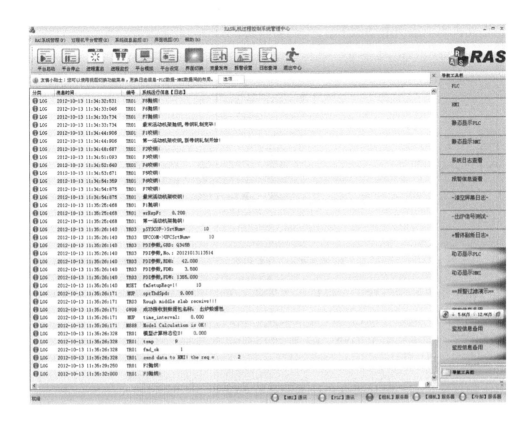

图 6-4　RASManager 运行主界面

系统日志文件记录着系统中特定事件的相关活动信息，系统日志文件是计算机活动最重要的信息来源，也是轧线故障分析最直接的手段。

6.2　粗轧设定模型控制系统

在满足粗轧机组设备能力制约条件下，根据初始坯料的钢种、尺寸、温度，给出水平轧机 R 和立辊轧机 E 的辊缝设定值、速度设定值以及其他设备（侧导板、除鳞箱等）的设定值，以生产出满足目标尺寸精度和工艺性能的中间坯。

6.2.1　粗轧区设备平面布置

粗轧区的设备布置如图 6-5 所示，粗轧机由 6 架轧机组成，1 立 2 平 1 立

2 平为连轧布置。立辊轧机主传动采用单电机传动，侧压采用液压 SSC 控制。二辊轧机压下采用电动压下。

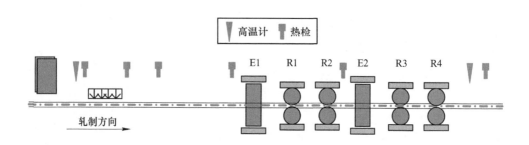

图 6-5 粗轧区设备布置

在粗轧机轧制过程中，根据工艺要求，在轧机前后用高压水清除板坯再生氧化铁皮。粗轧立辊轧机设有自动宽度控制（AWC）系统，以提高带钢宽度精度，修正板坯头尾形状。R4 轧机后设有高温计，为设定计算提供修正数据。

粗轧区控制范围从板坯出炉置放于出炉辊道上开始，到粗轧机最后一道次完成为止，此后带坯在后段中间辊道上的控制由精轧区完成，但此前中间辊道上游区段的控制要和粗轧机保持协调一致。

6.2.2 粗轧过程机设定控制功能

根据初始数据确定粗轧区的厚度、宽度压下规程，并使用轧制模型计算出各种轧制相关工艺数据（温度、轧制力、功率等），检查这些数据是否超过了设备能力的限制，对超限的情况进行处理，最后依据最终的厚度/宽度压下规程计算各种设备（轧机、侧导板、除鳞机等等）的设定值（表 6-5）。当

表 6-5 粗轧模型功能

功能	启动时刻
粗轧设定计算	根据出炉实测温度信号，粗轧设定计算
粗轧自学习	得到各道次实测数据后触发

板坯尚在加热炉中时，它就能提前给操作员发出设定存在潜在问题的提示，该计算还给轧制节奏控制提供信息。

设定计算主要功能包括：

（1）输入处理：从其他相关模块获得模块计算值、轧制计划、操作工干预值、实际测量值等轧制规程计算所必需的数据并作相应处理，以用于下一步的轧制规程计算。输入处理主要包括：

1）对实际数据和操作工输入数据进行限度检查，防止计算异常。

2）数据使用优先级别判断，当有操作工输入数据时，将首先使用操作工输入数据。

3）给出初始设定值，如粗轧中间坯目标厚度、目标宽度，中间坯长度检查，初始轧制道次数，初始道次压下分配率，机架前后除鳞设置等。

（2）轧制规程的计算：首先根据轧制节奏控制计算得到带钢在粗轧机组各关键点的时间，然后应用温度模型计算带钢在轧制过程中的温度变化（传导热、变形热、摩擦热、水冷温降、空冷温降）。计算中先给出一个各道次出口板厚和板宽初始值，用变形抗力模型、轧制力模型、轧制力矩模型、电机功率模型、前滑率等模型等基于轧制理论的数学模型计算出水平/立辊的轧制力、轧制力矩、轧制功率等工艺参数，但所得负荷分配比不满足目标分配比时，修正初始的厚度规程或宽度压下规程。最后对初始对轧制力、轧制力力矩、电机功率进行限值检查，若存在超限，则对目标分配比进行修正。

（3）设定值的计算：通过上述计算，最终确定粗轧机组轧制规程的所有设定值。包括：

1）轧件形状：各道次前后轧件的厚度、宽度、长度预测值。

2）速度制度：咬钢速度、轧制速度、抛钢速度、前滑等。

3）辊缝及开口度：水平辊辊缝、立辊辊缝、侧导板开度。

4）测宽仪给定值。

5）AWC 塑性系数和短行程曲线。

6）除鳞箱设定参数。

7）立辊压下量。

8）辊道设定参数。

在粗轧出口获得实测数据后启动粗轧自学习，自学习的对象包括水平/立辊机架轧制力、轧制功率，粗轧出口温度，粗轧出口宽度。

自学习功能从其他相关模块获得模块计算值、轧制计划、操作工干预值、实际测量值等自学习所必需的数据并作相应处理，并用于学习系数的计算。

实际测量数据处理如下：周期收集 10 个采样数据。在各自学习功能中，从 10 个采样数据中选择出常态连续数据，而后除去最大最小值之后，取余下值的算数平均值作为实测值，用于自学习系数的计算。

6.2.3 自动宽度控制（AWC）

自动宽度控制是指在立辊轧制过程中动态修正立辊开口度以改善轧件全长宽度的均匀性，包括作用于轧制非稳定段的头尾短行程控制（Short Stroke Control）以及作用于轧制稳定段的轧制力反馈控制（Roll Force AWC）和前馈控制（Feed Forward AWC），此外还可包括立辊动态设定功能（Dynamic Set Up），总体结构如图 6-6 所示。

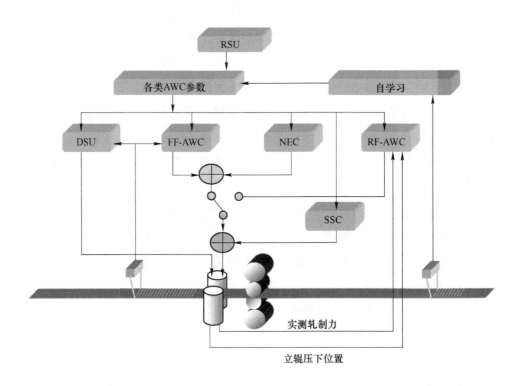

图 6-6　自动宽度控制系统结构

6.2.3.1　短行程控制

短行程控制是根据轧件头尾部宽度异常的轮廓曲线，得出宽度补偿曲线，在立辊轧制过程中根据该补偿曲线动态调整立辊轧机的开口度，从而减少轧件头尾宽度偏差。

宽度补偿曲线也称为短行程曲线，表示为轧件头（尾）部长度与立辊开口度修正量的函数关系。为便于控制，短行程曲线通常是一条或者是多条线段组成，选用 4 段折线形式，如图 6-7 所示：

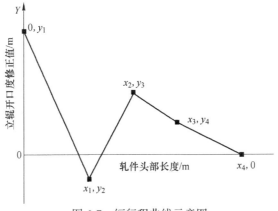

图 6-7　短行程曲线示意图

可见，定义 4 段折线需要 2×4 个变量，头尾部总计 4×4 个变量，这些变量通过设定模型即时计算得出。

6.2.3.2　轧制力反馈控制

在头部短行程控制结束后，采集立辊轧制力和开口度数据得到立辊轧制力锁定值 P_{EL} 和开口度锁定值 E_L。锁定值的确定如图 6-8 所示，在轧制稳定

图 6-8　锁定值的确定

段起始端收集 N 个数据点，去除最大最小值，做平均值滤波。

轧制力反馈控制（RF-AWC）的计算公式基于如下的立辊辊缝的弹跳公式

$$B_E = E + \frac{P_E}{C_E} \tag{6-1}$$

式中　B_E——立辊轧后宽度；

　　　E——立辊开口度；

　　　P_E——立辊轧制力；

　　　C_E——立辊刚度。

将上式展开为泰勒级数，忽略高次项得到增量公式

$$\delta B_E = \delta E + \frac{\delta P_E}{C_E} \tag{6-2}$$

立辊轧制力 P_E 为以下变量的函数

$$P_E = f(B_0,\ B_E,\ K) \tag{6-3}$$

式中　B_0——立辊入口轧件宽度；

　　　K——轧制变形抗力。

忽略变形抗力 K 的变化，写为增量式

$$\delta P_E = \frac{\partial P_E}{\partial B_0}\delta B_0 + \frac{\partial P_E}{\partial B_E}\delta B_E \tag{6-4}$$

将其代入式（6-4）有

$$\delta B_E = \delta E + \frac{1}{C_E}\left[\frac{\partial P_E}{\partial B_0}\delta B_0 + \frac{\partial P_E}{\partial B_E}\delta B_E\right] \tag{6-5}$$

$$\delta B_E = \frac{1}{C_E - \dfrac{\partial P_E}{\partial B_E}}\left(C_E\delta E + \frac{\partial P_E}{\partial B_0}\delta B_0\right) \tag{6-6}$$

在使用轧制力反馈控制时，有

$$\delta B_E = \frac{1}{C_E - \dfrac{\partial P_E}{\partial B_E}}C_E\delta E \tag{6-7}$$

确定锁定值后，RF-AWC 周期性地获得立辊轧制力实测值 P_E^* 和立辊开

口度实测值 E^*，则：

$$\delta P_E = P_E^* - P_{EL}$$

$$\delta E = E^* - E_L$$

联立各式，求得

$$\delta E = \frac{C_E - \dfrac{\partial P_E}{\partial B_E}}{C_E} \delta B_E = \frac{C_E + Q}{C_E}\left(\frac{P_E^* - P_{EL}}{E^* - E_L}\right) \tag{6-8}$$

式中，$Q = -\dfrac{\partial P_E}{\partial B_E}$，称为宽度塑性系数，在粗轧设定计算中得到。

则 RF-AWC 用于立辊开口度的调节量为

$$\delta E_C = -G_{FB}\frac{C_E + Q}{C_E}\left(\frac{P_E^* - P_{EL}}{E^* - E_L}\right) \tag{6-9}$$

式中，负号表示负反馈控制，G_{FB} 为 RF-AWC 增益，考虑了反馈滞后影响，一般小于 1。

6.2.3.3 动态设定

动态设定（DSU）是在粗轧最后一个道次前，利用机架前实测入口宽度对末道次立辊开口度进行重新设定。

设目标出口宽度为 B_R，则立轧后的轧件宽度为：

$$B_E = B_R - (\Delta B_N + \Delta B_D) \tag{6-10}$$

式中 ΔB_N——水平辊压下时的自然宽展；

$\quad\quad \Delta B_D$——水平辊压下时的狗骨宽展。

因此立辊开口度设定值 E^* 为：

$$E^* = B_E - S \tag{6-11}$$

式中 S——立辊弹跳值。

设入口实测平均宽度为 B_0^*，将 ΔB_D 表示为立辊压下量的函数

$$\Delta B_D = \varepsilon(B_0^* - B_E) \tag{6-12}$$

式中 ε——狗骨宽展系数。

结合前三式得

$$E^* = \frac{B_R - \Delta B_N - \varepsilon B_0^*}{1 - \varepsilon} - S \tag{6-13}$$

对末道次立辊开口度原有设定值的修正量为

$$\Delta E = G_{DSU}(E^* - E_{set}) \tag{6-14}$$

式中　　G_{DSU}——DSU 增益系数;

　　　　E_{set}——RSU 预设的末道次立辊开口度值。

6.3　精轧设定模型控制系统

6.3.1　设定模型控制系统逻辑

热轧过程控制系统中的模型设定系统包括,通过数学模型进行轧制规程计算及为提高数学模型预报精度的自学习策略。过程控制数学模型主要是基于轧制工艺理论基础的模型,数学模型的功能为轧制过程提供合理的轧制规程,提高生产效率和产品质量。

模型设定为根据 PDI 数据、设备参数、物理参数等,考虑设备能力的情况下,利用温度模型、前滑模型、轧制力模型等,计算各机架的带钢厚度、温度,变形抗力、轧制力,辊缝,塑性系数等参数。

由于模型设定时用到的实测值具有测量误差、轧制设备的特性不断发生变化和设定模型本身存在精度误差,导致了模型计算结果存在误差。数学模型自学习功能可以根据轧制实测数据对模型系数进行修正,来提高模型精度。

6.3.2　模型触发

模型设定和模型自学习的触发方式为过程控制系统的跟踪进程采集到轧线触发信号之后,触发模型设定线程和自学习线程。

精轧中设定计算和自学习的触发信号和时序如表 6-6 所示。

表 6-6　模型触发功能

序号	功　能	触发逻辑	触发信号源
1	一次设定计算	加热炉出钢	加热炉出口高温计
2	二次设定计算	粗轧末道次抛钢	粗轧出口高温计
3	三次设定计算	精轧入口高温计	精轧入口高温计
4	模型自学习	机后仪表数据采集完毕	精轧机后测量仪表

6.3.3 模型设定流程

精轧模型设定以控制带钢头部的厚度和温度为目标，主要完成辊缝设定和速度设定，首先预报精轧入口温度，如果轧线没有配置热卷箱或者热卷箱工作在直通状态，由粗轧机出口处的高温计测量中间坯头部温度，然后过程控制系统根据实测头部温度和运行时间，按照中间坯在中间辊道上运送时的温度模型计算带钢头部在精轧机入口的温度，如果热卷箱工作时，需要测量粗轧机出口位置处带钢尾部温度，并根据中间坯在中间辊道上运送的温度模型和热卷箱温度模型预报精轧入口温度。

根据带钢的目标厚度和中间坯的厚度，进行负荷分配，确定各机架出口厚度；末架的穿带速度可采用查表法或者以保证带钢的头部终轧温度来计算机架间冷却水阀门和穿带速度；利用秒流量恒定的原理，结合各机架的前滑值，求出各机架的穿带速度。获得粗轧出口带钢的实际温度后，利用温度模型预报精轧入口和出口以及各机架的温度，计算各机架轧制力，然后利用弹跳方程完成辊缝设定计算。另外还需要确定活套张力以及活套的初始设定角度位置等参数。并将轧制规程下发至基础自动化和人机界面。

6.3.4 模型自学习

模型自学习是提高在线设定模型精度的重要手段。热轧过程控制系统中的辊缝零位、温度模型、轧制力模型和轧制功率模型需要根据轧制过程实测值进行自学习优化。首先利用根据快照实测数据计算得到的各机架带钢的秒流量厚度和厚度计厚度进行辊缝位置自学习，重新计算出带钢头部经过每个机架的实际厚度，经过温度自学习后，重新计算出带钢头部经过各个机架的实际温度。然后，由实际厚度、实际温度、实际速度重新预报每个机架处的变形抗力值，根据实测的轧制力、实际厚度由轧制力模型反算得到的实际变形抗力值，根据重新预报的变形抗力值和实际变形抗力值进行轧制力自学习，根据模型预报的电机功率与实测电机功率进行功率自学习。最后，将数据库中的自学习系数进行更新。

由于热轧工作环境和设备布置的原因，在机架之间无法安装测量带钢温度、厚度、宽度和速度的仪表，这些位置的物理量需要间接预估。各机架

（除末机架）出口的预估带钢厚度可以根据末机架出口处实测秒流量和各机架出口的带钢速度计算得到，其中各机架出口的带钢速度根据各机架实测轧辊线速度和前滑值计算得到。各机架处带钢的温度预估是根据温度模型预报得到的出口高温计处温度与出口高温计实测温度进行比较，将偏差量分配到各机架上，从而获得各机架的预报温度。

6.3.5 负荷分配在线优化

对于热轧带钢来说，计算轧制规程是连续轧制操作中的基本工作。合理的轧制规程是轧制生产过程稳定性的保证，是轧机设备发挥生产能力、生产合格产品的保证。轧制过程中，一般都是采用优化算法离线计算得到的轧制负荷分配，由于现场环境不稳定的影响，离线计算的负荷分配需要操作工的在线调整。在轧制薄规格时，如果出现某些轧机负荷接近或者超过设备极限的情况，给操作调整带来不便。

实现在线功率准确调整的基础是精确的预报功率，需建立功率预报模型，考虑到现场环境的复杂性，还需设计功率自学习算法来提高模型的预报精度。完成功率预报之后，需要根据电机功率极限对轧制规程进行校核，如果某些轧机的功率超限的话，需要自动地将负荷进行重新分配，直到所有机架功率都在设备能力之内。

6.3.5.1 功率预报模型

轧制功率计算公式为：

$$P = \frac{0.105\left[2Fl_c\chi + (T_B - T_F)R\right]n_{roll}}{\eta} \tag{6-15}$$

式中　P——总功率，kW；

　　　F——轧制力，kN；

　　　l_c——接触弧长，mm；

　　　χ——力臂系数；

　　　R——轧辊半径，mm；

T_B，T_F——后张力，前张力，kN；

　　n_{roll}——轧辊转速，r/min。

6.3.5.2 功率自学习算法

电机的实测转速计算公式为：

$$n_{\text{motormsf}} = \frac{19100 v_{\text{rollmsf}} i_{\text{std}}}{D_{\text{wr}}} \tag{6-16}$$

式中　n_{motormsf}——电机实测转速，$r/\min$；

　　　v_{rollmsf}——轧辊线速度，m/s；

　　　i_{std}——轧机减速器的减速比。

电机实测电压计算公式为：

$$V_{\text{msf}} = \begin{cases} \dfrac{n_{\text{motormsf}}}{n_{\text{base}}} V_{\text{rated}} & n_{\text{motormsf}} < n_{\text{base}} \\ V_{\text{rated}} & n_{\text{motormsf}} \geqslant n_{\text{base}} \end{cases} \tag{6-17}$$

式中　n_{base}——电机的额定转速，$r/\min$；

　　　V_{rated}——电机的额定电压，V。

实测轧制功率为：

$$P_{\text{std}} = \frac{KA_{\text{msf}} V_{\text{msf}}}{1000} \tag{6-18}$$

式中　P_{std}——机架功率，kW；

　　　K——电磁补偿系数；

　　　A_{msf}——电机的实测电流，A；

　　　V_{msf}——电机实测电压，V。

根据活套电流计算活套力矩为：

$$M = \frac{2I_{\text{lpmsf}} 9550 P_{\text{lpbase}} i_{\text{lp}}}{g n_{\text{lpbase}} I_{\text{lpbase}}} \tag{6-19}$$

式中　I_{lpmsf}——活套电机实测电流，A；

　　　P_{lpbase}——活套电机额定功率，kW；

　　　i_{lp}——活套减速机减速比；

　　　n_{lpbase}——活套电机额定转速，r/m；

　　　I_{lpbase}——活套电机额定电流，A；

　　　g——重力加速度，m/s^2。

带钢的张力值为：

$$T = \frac{M - W_{\text{strip}}L_{\text{arm}}\cos(\theta) - W_{\text{arm}}\cos(\theta)}{2L_{\text{arm}}^2/L_{\text{intstd}}\sin(2\theta) - 4R/L_{\text{intstd}}(L_{\text{piv-psln}} - r)\cos(\theta)}\frac{g}{1000} \quad (6-20)$$

式中　T——带钢的张力，kN；

　　W_{strip}——机架间的带钢重量，kg；

　　L_{arm}——活套臂的长度，m；

　　W_{arm}——活套臂的重量，kg；

　　θ——快照扫描的活套角度，rad；

　　L_{intstd}——机架间的长度，m；

　$L_{\text{piv-psln}}$——活套臂距离轧制线的距离，m；

　　r——活套辊半径，m。

活套张力引起的轧机电机功率为：

$$P_{\text{lp}} = 0.01(T_{\text{F}} - T_{\text{B}})v_{\text{rollmsf}} \quad (6-21)$$

实测总功率为：

$$P_{\text{msf}} = P_{\text{std}} + P_{\text{lp}} \quad (6-22)$$

通过实测功率与设定功率的比值计算实测的功率学习系数：

$$P_{\text{fctnew}} = \frac{P_{\text{msf}}\pi D_{\text{wr}}}{6283.12F_{\text{msf}}L_{\text{arccon}}v_{\text{rollmsf}}} \quad (6-23)$$

式中　F_{msf}——实测轧制力，kN。

功率学习为：

$$P_{\text{fct}} = P_{\text{fctold}} + \alpha(P_{\text{fctnew}} - P_{\text{fctold}}) \quad (6-24)$$

式中　α——功率自学习平滑系数；

　P_{fctold}——上一次的功率学习系数。

6.3.5.3　负荷分配的在线优化算法

使用影响系数法计算带钢厚度变化对轧制功率的影响，精轧机组的功率变化量可以表达为：

$$\Delta P_i = \frac{\partial P_i}{\partial h_i}\Delta h_i + \frac{\partial P_i}{\partial h_{i-1}}\Delta h_{i-1} \quad (6-25)$$

式中　下标 i——机架号；

ΔP_i ——功率变化量，kW；

Δh_i ——i 机架出口厚度偏差量，mm。

将每一机架的轧制功率变化量归一化，即将每个机架的轧制功率变化量转化为等效的末机架功率变化量。假定只有第 i 机架有功率变化量，那么当其被转化等效末机架功率为：

$$\Delta P_n = \frac{\dfrac{\partial P_n}{\partial h_{n-1}} \dfrac{\partial P_{n-1}}{\partial h_{n-2}} \cdots \dfrac{\partial P_{i+2}}{\partial h_{i+1}} \dfrac{\partial P_{i+1}}{\partial h_i}}{\dfrac{\partial P_{n-1}}{\partial h_{n-1}} \dfrac{\partial P_{n-2}}{\partial h_{n-2}} \cdots \dfrac{\partial P_{i+1}}{\partial h_{i+1}} \dfrac{\partial P_i}{\partial h_i}} \Delta P_i \qquad (6\text{-}26)$$

进一步简写为：

$$\Delta P_n = k_{ni} \Delta P_i \qquad (6\text{-}27)$$

式中 k_{ni} ——将第 i 机架功率变化量转化为末机架等效变化量的影响系数。

每一机架极限功率的偏差为：

$$\Delta P_i = P_i - P_{\max i} \qquad (6\text{-}28)$$

式中 $P_{\max i}$ ——第 i 机架的最大允许功率。

因此，通过将超过最大允许功率的机架归一化到末机架，即当 $\Delta P_i > 0$ 时，总的功率超限量为：

$$P_{over} = \sum k_{ni} \Delta P_i \quad i \in J \qquad (6\text{-}29)$$

式中 J ——功率超限的机架。

精轧机组的功率余量为没有超过功率极限的机架归一化到末机架，即当 $\Delta P_i < 0$ 时

$$P_{margin} = \sum k_{ni} \Delta P_i \quad i \in K \qquad (6\text{-}30)$$

式中 K ——功率未超限的机架。

每个机架的功率改变量为：

$$\Delta P_{alti} = \begin{cases} -\Delta P_i & \Delta P_i > 0 \\ \beta \Delta P_i & \Delta P_i < 0 \end{cases} \qquad (6\text{-}31)$$

式中，$\beta = P_{over} / P_{margin}$。

6.3.6 精轧机组高精度宽度控制策略

相当一部分的热连轧中宽带产品是用于制造螺旋焊管或者直缝焊管，为

了实现免切边、节省人力物力投入并且提高了成材率，客户对宽度精度有较高要求。

增加中间坯的厚度，减小粗轧轧制道次和轧制时间，提高精轧开轧温度，可以降低粗轧和精轧的总能耗。由于增加了中间坯的厚度，加大了精轧段的带钢宽展，所以精轧机组配置有一个或者两个立辊进行宽度控制，精轧机前立辊还具有对中间坯对中作用。

宽度控制策略包括过程控制计算机通过相关模型对精轧立辊辊缝和速度的设定计算和通过实测数据对模型的自学习。

6.3.6.1 精轧立辊设定计算

根据中间坯厚度、成品目标厚度和厚度负荷分配系数确定各个平辊机架出口带钢厚度，然后判断出口厚度小于 6mm 的机架，其下游机架假设为不存在宽展。最后设定此机架出口带钢宽度为目标宽度，根据宽展模型和精轧立辊的负荷分配系数，计算立辊的出口宽度。

宽展模型包括平轧和立-平轧两种类型。平轧宽展采用埃尔-凯利和帕斯林模型如下：

$$S_w = \frac{\ln\left(\dfrac{w_2}{w_1}\right)}{\ln\left(\dfrac{h_1}{h_2}\right)} = a\exp\left[-b\left(\frac{w_1\,10^{-3}}{h_1}\right)^c\left(\frac{h_1}{R}\right)^d r^e\right] \tag{6-32}$$

式中　　S_w——宽展系数；

w_1，w_2——平辊入口，出口宽度，mm；

h_1，h_2——平辊入口和出口厚度，mm；

R——平辊半径，mm；

a,b,c,d,e——模型的回归系数；

r——厚度压下率。

立-平轧宽展为经过精轧立辊轧制，带钢断面变为狗骨形状，经过此立辊之后的下一平辊轧制后，宽度的增加量包括狗骨转化为宽展和矩形部分增加的宽展两部分，采用芝原隆公式，平辊出口宽度为：

$$w_f = w_e + \Delta w_s + \Delta w_b \tag{6-33}$$

$$\Delta w_{\mathrm{s}} = w_{\mathrm{e}} \left[\left(\frac{h_0}{h_{\mathrm{f}}} \right)^a - 1 \right] \tag{6-34}$$

$$\Delta w_{\mathrm{b}} = b d_{\mathrm{e}} \left(1 + \frac{\Delta w_{\mathrm{s}}}{w_{\mathrm{e}}} \right) = b d_{\mathrm{e}} \left(\frac{h_0}{h_{\mathrm{f}}} \right)^a \tag{6-35}$$

$$a = \exp \left[\beta_1 m^{a_1} \left(\frac{w_{\mathrm{e}} \, 10^{-3}}{L} \right)^{0.0152m} \left(\frac{h_0}{R} \right)^{\beta_2 m} \right] \tag{6-36}$$

$$b = \exp \left[a_2 \left(\frac{d_{\mathrm{e}}}{w_0} \right)^{\beta_3} \left(\frac{h_0}{R_{\mathrm{e}}} \right)^{\beta_4} \left(\frac{R_{\mathrm{e}}}{w_0 \, 10^{-3}} \right)^{\beta_5} \left(\frac{w_0}{w_{\mathrm{e}}} \right)^{a_3} \right] \tag{6-37}$$

$$m = \frac{w_{\mathrm{e}}}{h_0} \tag{6-38}$$

式中 w_0——立辊入口带钢宽度，mm；

       w_{e}——经过立辊控宽之后的带钢宽度，mm；

    Δw_{s}——矩形宽展，mm；

    Δw_{b}——狗骨宽展，mm；

h_0，h_{f}——立辊入口及平辊出口的带钢厚度，mm；

      L——水平辊接触长度，mm；

      d_{e}——立辊压下量，mm；

      R_{e}——立辊半径，mm；

$a_1 \sim a_3$，$\beta_1 \sim \beta_5$——模型的回归系数。

立辊的辊缝是由立辊弹跳方程计算得到：

$$E_{\mathrm{e}} = w_{\mathrm{e}} - \frac{F_{\mathrm{e}}}{M_{\mathrm{e}}} - E_{\mathrm{wear}} - E_{\mathrm{error}} \tag{6-39}$$

式中 E_{e}——立辊设定辊缝，mm；

    M_{e}——立辊刚度，kN/mm；

  E_{wear}——立辊的磨损量，mm；

  E_{error}——弹跳方程的修正量，mm。

立辊磨损为：

$$E_{\mathrm{wear}} = \beta \frac{l h_{\mathrm{tar}} w_{\mathrm{tar}}}{h_{\mathrm{e}} w_{\mathrm{e}} \pi D_{\mathrm{e}}} \frac{F_{\mathrm{e\_mea}}}{h_{\mathrm{e}} L_{\mathrm{e}}} \tag{6-40}$$

式中 β——轧辊材料回归系数；

l ——成品带钢的长度，m；

h_{tar} ——精轧目标厚度，mm；

w_{tar} ——精轧目标宽度，mm；

h_e ——立辊出口厚度，mm；

D_e ——立辊直径，mm；

F_{e_mea} ——立辊实测轧制力，kN；

L_e ——立辊接触弧长，mm。

秒流量为：

$$C_{mf} = v_{r\_N}(1 + f_N)h_{tar}w_{tar} \tag{6-41}$$

式中　v_{r_N} ——末机架轧辊表面线速度，m/s；

f_N ——末机架的前滑值。

精轧立辊的线速度为：

$$v_{e\_s} = \frac{c_{mf}}{h_e w_e(1 + f_e)} \tag{6-42}$$

式中　v_{r_N} ——末机架轧辊表面线速度，m/s；

f_e ——立辊的前滑值。

6.3.6.2　精轧立辊模型自学习

精轧立辊模型的自学习包括对弹跳方程和对轧辊速度的修正。

采集精轧机组出口测宽仪实测宽度，对精轧立辊弹跳方程进行修正。立辊弹跳方程的零点偏差为：

$$E_{error\_new} = w_{mea} - \left(E_e + \frac{F_{e\_mea}}{M_e} + E_{wear} \right) \tag{6-43}$$

式中　w_{mea} ——精轧出口实测带钢宽度。

对零点按照指数平滑法进行学习，新的零点记录为：

$$E_{error\_save} = E_{error\_old} + \alpha_{gapzero}(E_{error\_new} - E_{error\_old}) \tag{6-44}$$

式中　$\alpha_{gapzero}$ ——立辊零点自学习的平滑指数；

E_{error_old} ——数据库中存储的立辊零点学习量。

设定计算时将 E_{error_save} 按照负荷分配的比例分配给两个立辊，第 i 立辊零点学习量为：

$$E_{\text{error\_i}} = E_{\text{error\_save}} \frac{D_i}{D_{\text{total\_dis}}} \qquad (6\text{-}45)$$

式中　　D_i——第 i 立辊的负荷分配系数；

　　　　$D_{\text{total\_dis}}$——立辊总的负荷分配系数。

由于粗轧出口未设置测厚仪，中间坯厚度只能采用 PDI 设定值等原因，导致立辊速度设定时存在一定的误差，利用基础自动化的微张力控制对速度的调节量进行速度自学习。

立辊速度调节比例为：

$$\beta_e = \frac{v_{\text{e\_mea}} - v_{\text{e\_s}}}{v_{\text{e\_s}}} \qquad (6\text{-}46)$$

式中　　$v_{\text{e\_mea}}$，$v_{\text{e\_s}}$——立辊实测速度和设定速度，m/s。

将所有平辊和立辊机架按照轧制方向顺序排序，序号为 $1 \sim N$，末机架 N 为基准机架不进行调速，其速度调节比例 β_N 和速度学习系数 γ_N 都为 1，轧制速度自学习系数计算从末机架开始向上游机架循环迭代计算，第 i 个机架的速度学习系数为：

$$\gamma_i = (1 + \alpha_{\text{spd}} \beta_i) \gamma_{i+1} \qquad (6\text{-}47)$$

式中　　γ_{i+1}——第 i 个机架的速度学习系数；

　　　　β_i——第 i 个机架的速度调节比例；

　　　　α_{spd}——轧制速度自学习平滑指数。

轧制下一卷带钢，经过修正的立辊速度为：

$$v_{\text{e\_a}} = \gamma_e v_{\text{e\_s}} \qquad (6\text{-}48)$$

式中　　$v_{\text{e\_s}}$——下一卷带钢的模型设定轧辊速度，m/s。

6.3.6.3　宽度控制策略应用效果

宽度控制策略已经应用到新建带钢生产轧线，带钢头尾阶段的宽度偏算主要取决于短行程控制的精度，表 6-7 的宽度偏差统计不包括头尾部，即不

表 6-7　带钢宽度偏差统计

宽度偏差/mm	>3	2~3	<2
换规格/%	4.7	10.7	84.6
非换规格/%	1.5	6.3	92.2

包括头尾各 10m，只考虑带钢本体的宽度，宽度数据是通过布置在精轧出口的测宽仪进行采集。

表 6-6 统计了轧制不同宽度规格时，前三块带钢的宽度偏差统计情况，轧制的目标宽度为 315mm 到 520mm 范围内的 11 个不同宽度规格。由统计数据可以看到，使用本宽度控制策略，换规格时，宽度偏差控制在 3mm 之内的宽度控制精度达到 95% 以上，非换规格时，宽度偏差控制在 3mm 之内的宽度控制精度达到 98% 以上，能够保证下游用户在带钢进行深加工时，实现宽度方向的低切削损失，提高成材率。

针对带钢热轧精轧段加大中间坯厚度的工艺，以精轧区域具有两个立辊轧机配置为例设计了精轧区域的宽度的控制策略，对于精轧区域具有一个立辊轧机配置的情况，控制策略类似，立-平轧宽展模型在设定时只需调用一次即可。

6.3.7 基于 PSO 神经元网络的轧制力预报

热轧带钢生产过程中，轧制力预报精度对钢板厚度精度至关重要。随着用户对带钢厚度、板形精度的要求越来越高，提高轧制力预设定精度也越来越迫切。近些年的生产实践表明，在热轧带钢生产中，改善带钢头部厚差以及提高换规格的前几块钢的厚度控制精度，已成为目前各厂面临的重要问题。因此，攻关的主要目标集中在轧件的头部和换规格的前几块钢，解决的途径就是设法提高轧机的设定精度。

设计神经元网络基于 PSO 的学习算法，首先必须建立合理的粒子模型并确定适应函数和搜索空间。神经元网络学习过程主要是权重和阈值的更新过程，PSO 搜索过程主要是其不同维度上速度和位置的改变，因而神经元网络训练过程中的连接权重和阈值个数应与粒子的维度相对应。

采用 PSO 协同神经元网络（PSO-NN）与传统模型自学习相结合的方式进行轧制力的预报，将自学习后的模型预测轧制力作为 PSO-神经元网络的一个输入项进行网络的训练，网络结构示意图如图 6-9 所示。

粒子的位置向量 x 表示为：

$$x = x(W_{j,i}, V_{n,j}, \theta_j, j_n) \tag{6-49}$$

式中，$i=1, 2, \cdots, 10$；$j=1, 2, \cdots, 12$；$n=1$。

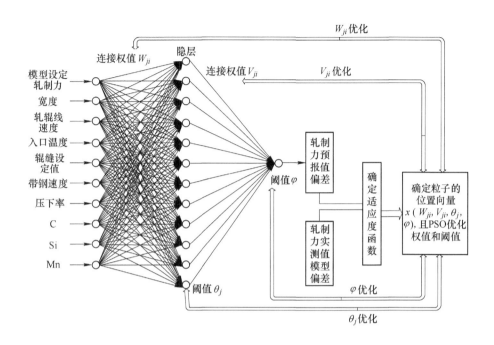

图 6-9 PSO-神经元网络（PSO-NN）结构图

对 N 块钢板取实测轧制力偏差 ΔP_j 与预报轧制力偏差 $\Delta \hat{P}_j$ 方差最小平均值作为适应度函数：

$$J = \min\left\{ \frac{1}{N} \sum_{j=1}^{N} (\Delta P_j - \Delta \hat{P}_j)^2 \right\} \tag{6-50}$$

式中，ΔP_j 为实测轧制力偏差，$\Delta \hat{P}_j$ 为预报轧制力偏差。

从数据库中提取一个月的实际生产数据，剔除错误数据和噪声数据之后，剩余 7911 块钢数据。用该时间段内的数据进行 PSO-神经元网络训练。神经元网络训练运行界面如图 6-10 所示。

在 PSO-神经元网络训练运行界面中，在复选框中选择相关性较高的精轧模型参数作为神经元网络的输入节点，轧制状态在这里选择无抛架状态，而图中的三条曲线分别代表精轧机架的实测轧制力、模型设定轧制力和 PSO-神经元网络预报轧制力的收敛曲线，从 F1~F6 这 6 个机架的 PSO-神经元网络训练运行界面得到了各个机架的轧制力预报平均偏差和标准差对比效果，如表 6-8 所示。

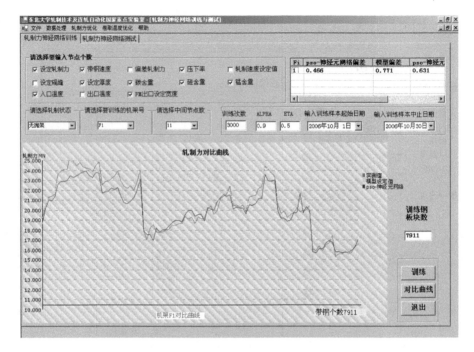

图 6-10　PSO-神经元网络训练运行界面

表 6-8　轧制力 PSO-神经元网络训练偏差和标准差对比

机架号	偏差/MN		标准差/MN	
	模型	PSO 神经元网络	模型	PSO 神经元网络
1	0.771	0.466	0.93	0.631
2	0.632	0.373	0.705	0.504
3	0.44	0.275	0.58	0.371
4	0.403	0.193	0.552	0.264
5	0.374	0.191	0.53	0.253
6	0.343	0.157	0.471	0.206

　　由表 6-8 可以看出，离线训练后的轧制力 PSO-神经元网络预报偏差和标准差要明显低于传统数学模型的预报偏差。

　　该神经元网络训练达到所要求的预报精度之后，点击进入轧制力神经元网络测试界面，选择半个月的现场实际生产数据，对该神经元网络进行测试，运行界面如图 6-11 所示。

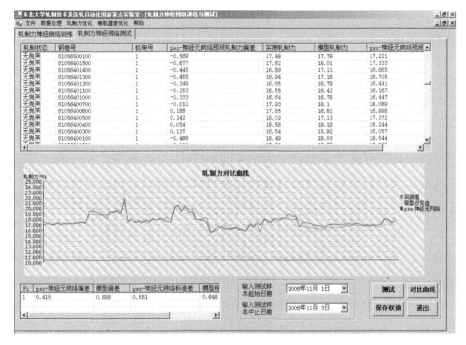

图 6-11 PSO-神经元网络测试运行界面

在 PSO-神经元网络测试达到预想精度后，点击保存权值按钮进行神经元网络连接权值的数据保存。通过机架的 PSO-神经元网络测试运行界面得到轧制力预报偏差和标准差对比，如表 6-9 所示。

表 6-9 PSO-神经元网络轧制力预报测试偏差和标准差对比

机架号	偏差/MN		标准差/MN	
	模型	PSO 网络	模型标准差	PSO 网络
1	0.688	0.415	0.646	0.551
2	0.661	0.464	0.699	0.614
3	0.516	0.327	0.522	0.452
4	0.381	0.2	0.327	0.268
5	0.348	0.188	0.293	0.254
6	0.356	0.16	0.385	0.215

7 层流冷却控制系统

传统热轧仅仅是为了获得带钢所需外形和尺寸的成型工序，通过添加合金和轧后处理提高带钢强度，这无形之中增加了成本又延长了生产周期。控制轧制和控制冷却技术的出现，使得通过对卷取温度的控制来得到所需产品性能成为可能。而卷取温度的控制精度主要取决于层流冷却系统的控制。通过改变轧后冷却条件来控制相变和碳化物析出行为，从而改善钢板组织和性能。

轧后冷却控制是根据工艺要求对带钢的卷取温度、冷却速度以及冷却路径进行控制，其控制精度直接影响到产品的质量和性能。然而，轧后冷却过程又是一个复杂的传热过程，既包括辐射传热、对流传热、带钢和输出辊道的接触传热，还有在冷却过程中因发生相变而产生的相变潜热；其中水冷对流换热还与带材的材质、终轧温度、厚度、速度、冷却水的水量、水压、水温及水流运动形态，以及冷却装置的设备工况等多种因素有关。这些因素影响机理复杂，具有很强的时变性和非线性，因此轧后冷却温度的精确控制一直是热轧领域关注的重要问题之一。

7.1 层流冷却系统的数学模型

层流冷却的控制系统以自身的数学模型为基础，在得到钢种、终轧温度、带钢厚度、带钢速度和冷却水温度等相关工艺参数后，根据设定的冷却速度、中间温度以及卷取温度，计算出相应集管组态，并将数据传送给基础自动化，从而实现温度精确控制。

7.1.1 空冷温降计算模型

带钢通过精轧机组后在输出辊道上运行时，它所含的热量将主要通过其高温表面以辐射的形式向外散失。空冷温降模型是建立在斯蒂芬-波尔茨曼定理基础之上，它假设带钢为薄材，按辐射考虑的空冷微分方程为：

$$2\varepsilon\sigma(T_a^4 - T_s^4)\mathrm{d}t = \rho ch\mathrm{d}T_s \tag{7-1}$$

式中 ε ——带钢表面发射率；

       σ ——黑体辐射常数，$\sigma = 5.67 \times 10^{-8}\ \mathrm{W/(m^2 \cdot K^4)}$；

       ρ ——密度，$\mathrm{kg/m^3}$；

       c ——比热，$\mathrm{J/(kg \cdot K)}$；

       h ——带钢厚度，m；

       T_s ——带钢温度，K；

       T_a ——周围环境温度，K。

$$\frac{\mathrm{d}T_s}{T_s^4} = -2\frac{\varepsilon\sigma}{\rho ch}\mathrm{d}t \tag{7-2}$$

假设在 t_1 到 t_2 时间内，带钢温度由 T_{s1} 降至 T_{s2}，则积分可得：

$$T_{s2} = \left[\frac{1}{T_{s1}^3} + \frac{6\varepsilon\sigma}{\rho ch}(t_2 - t_1)\right]^{-\frac{1}{3}} \tag{7-3}$$

式（7-3）是在带钢为薄材的条件下得出的。实际上，因带钢在厚度方向上存在热传导，故需要进行厚度修正。假设带钢表面发射率与厚度成线性关系，修正后的空冷模型为：

$$T_{s2} = \left[\frac{1}{T_{s1}^3} + \frac{6B\sigma}{\rho ch}(t_2 - t_1)\right]^{-\frac{1}{3}} \tag{7-4}$$

$$B = a_{air} \times h + b_{air}, \quad AX = \frac{2 \times B \times \sigma}{c_p \times \gamma} \tag{7-5}$$

$$CT_{air} = \frac{1}{\sqrt[3]{\frac{3 \times AX}{h/1000} \times TIME + \frac{1}{(FDT + K)^3}}} - K \tag{7-6}$$

式中 a_{air}，b_{air} —— 空冷回归系数；

       B—— 轧件热辐射热系数；

       σ —— 波尔茨曼常数；

       h—— 带钢厚度，mm；

       γ—— 密度，$\mathrm{kg/m^3}$；

       c_p—— 比热容，$\mathrm{kJ/(kg \cdot ℃)}$；

FDT—— 精轧出口温度，℃；

$TIME$—— 带刚在 FDT 和 CT 之间的运行时间，s；

由此可求得空冷后的带钢温度为 CT_{air}，进一步求出空冷温降 ΔCT_{air}。

$$\Delta CT_{air} = FDT - CT_{air} \tag{7-7}$$

后将总的空冷温降按照一定规律分配给每根集管，即可求出单根集管的温降。

$$\Delta T_{air[i]} = \Delta CT_{air} \times air[i] \tag{7-8}$$

式中　$\Delta T_{air[i]}$—— 每组集管的空冷温降，℃；

　　　CT_{air}—— 空冷后的温度，℃；

　　　ΔCT_{air}—— 空冷温降，℃；

　　　$air[i]$—— 空冷分配系数。

7.1.2 水冷温降计算模型

水冷是带钢冷却的主要降温方式。水冷温降由上下集管水冷温降和侧喷水冷温降两部分组成。

带钢通过与冷却水之间的强制对流换热散失热量，其水冷温降模型是建立在傅立叶定律基础之上的。假设带钢为薄材，在水冷时，带钢在长度和宽度方向上传热条件比较一致，故可认为长度和宽度方向上温度分布比较均匀。按零维非稳态问题考虑，如果带钢两个表面与冷却水之间换热的总热流密度为 Q，则带钢换热微分方程式可表示为：

$$Q\mathrm{d}t = \rho ch\mathrm{d}T_s \tag{7-9}$$

在粗调区或精调区的每组喷水装置的长度范围内，如果 Q 恒定，经历的时间由 t_1 到 t_2，积分可得水冷温降：

$$\Delta T_s = \frac{Q}{\rho ch}(t_2 - t_1) \tag{7-10}$$

由上式可知，层流冷却水冷模型的原理比较简单，关键在于式中的带钢表面与冷却水之间的换热热流密度的确定。

层流冷却水可以保证带钢从较高的终轧温度在有限长的冷却辊道上迅速地冷却到目标卷取温度，它与带钢的热交换属于对流传热。层流冷却上集管距离热输出辊道有一定距离，其水压比较小，但是流量较大，带钢从层流水中通过，是一种强迫对流方式。

每组集管冷却温降模型如下所示：

$$\Delta T_{\mathrm{D}} = \frac{1000 \times l_{\mathrm{group}} \times Q}{3600 \times V \times c_p \times \gamma \times h} \tag{7-11}$$

式中　　h——带钢厚度，mm；

　　　　γ——密度，kg/m³；

　　　　c_p——比热容，kJ/(kg·℃)；

　　　　V——带钢速度，m/s；

　　　　Q——热流密度，kJ/(m²·h)；

　　l_{group}——集管组长，m；

　　ΔT_{D}——层流冷却每组集管温降，℃。

热流密度 Q 是模型中最主要的量，确定精确的热流密度对层流冷却温度的控制精度至关重要，可采用如下方式确定热流密度 Q。

上集管组热流密度 Q_{D} 为：

$$Q_{\mathrm{D}} = f_0 \times f_2 \times K_{\mathrm{W}} \times a \times \frac{N}{N_0} \times (1 - 5.371E - 7 \times V) \tag{7-12}$$

下集管组热流密度 Q'_{D} 为：

$$Q'_{\mathrm{D}} = f_0 \times f'_2 \times K_{\mathrm{W}} \times a' \times \frac{N'}{N'_0} \tag{7-13}$$

式中　　f_0——基本热流密度；

　f_2，f'_2——热流密度修正系数；

　　　K_{W}——水温修正系数；

　a，a'——上下集管喷水状况修正值；

　N，N'——上下集管设定的集管根数；

　N_0，N'_0——上下集管实际的集管根数。

本组集管内的热流密度 Q_{XD}：

$$Q_{\mathrm{XD}} = Q_{\mathrm{D}} + Q'_{\mathrm{D}} \tag{7-14}$$

基本热流密度值 f_0 几乎包括了所有影响水冷温降的因素，主要有带钢厚度 h、宽度 w、终轧温度 T_{fdt}、卷取温度 T_{ct}、水温 T_{w}、带钢速度 v、终轧温度和卷取温度之差以及带钢通过冷却区的时间（冷却区长度和速度的比值

L/v），这些因素按照线性组合的方式来描述 f_0，线性组合的系数可由回归分析获得。

$$f_0 = f_2 \left[c_0 + c_1 h + c_2 w + c_3 T_{fdt} + c_4 T_{ct} + c_5 t_w + c_6 v + c_7 (T_{fdt} - T_{ct}) + c_8 \left(\frac{L}{v} \right) \right]$$

$$(7\text{-}15)$$

式中　f_2——带钢基本热流密度学习系数；

　　$c_0 \sim c_8$——基本热流密度修正系数，可由回归分析得到。

此外，除水冷温降和空冷温降之外，带钢与辊道之间的热传导也会使带钢温度降低，考虑到连续生产时，由于热传导使带钢散失热量较少，可以将此温降的影响归纳在空冷回归系数当中。

7.2　层流冷却控制系统结构与功能

层流冷却设备安装在精轧机末机架出口至 1 号地下卷取机之间，在过程自动化系统和基础自动化系统的控制之下，将热轧带钢冷却到工艺要求的卷取温度，使带钢力学性能达到预定的质量要求。

层流冷却控制系统的主要功能是通过控制层流冷却区的集管组态，实现对带钢的冷却模式、卷取温度和冷却速度的控制，满足冷却工艺的要求，以确保带钢的质量和产量。

层流冷却自动控制系统由两级自动化系统构成，基础自动化（L1 级）主要执行模型设定结果和集管顺序开闭控制；过程自动化（L2 级）进行预设定、修正设定（包括再设定）以及自学习计算，各功能之间的联系如图 7-1 所示。

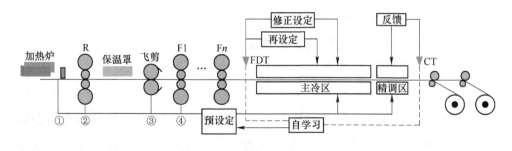

图 7-1　层流冷却控制系统结构图

7.2.1　基础自动化功能

层流冷却基础自动化控制系统主要控制功能包括：

（1）系统数据初始化、数据监控：主要包括装载与设备和工艺要求有关的常数，并进行通信网络的初始化设置；该功能将系统中常用的、重要的信号、参数集中在一个程序块内，这样通过查看该程序块就能基本了解系统的工作状况。

（2）数据采集和处理：系统中，采集数据主要包括高位水箱水位实际值及水温实际值、主冷区和精调区上下集管流量、层流冷却入口测温仪、层冷冷却中间测温仪和层流冷却出口测温仪读数等。

（3）系统仿真：仿真功能包括测试过程机的冷却模型、带钢跟踪、控制逻辑等各功能模块以及与基础自动化 PLC 的通信功能，并对现场设备的运行情况进行测试。

（4）设备开关控制：主要包括集管快速气动开闭阀开关控制，带钢头部移动过程中的冷却水顺序打开和带钢尾部移动过程中的冷却水顺序关断控制，侧喷水开关控制，层流区入口和出口压缩空气吹扫阀开关控制，上集管液压倾翻手动控制，边部遮蔽控制，辊道冷却水开关控制等。

（5）公共逻辑控制：公共逻辑控制包括层流冷却区域急停与复位控制方式的选择、精轧机无钢信号及精轧机末机架咬钢与抛钢信号的处理、带钢实际速度计算、层流冷却入口及出口带钢检得信号的处理、系统故障与报警以及 PLC 心跳信号的生成等控制功能。

（6）数据交换：通过内存映像网和工业以太网与 HMI 和过程自动化进行数据传输。

7.2.2　过程自动化功能

过程自动化功能主要包括预设定计算、修正设定计算（再计算）和自学习计算功能等。层流冷却过程控制的启动时序如表 7-1 所示。

表 7-1　层流冷却控制系统启动时序表

时序	功能	启动时刻	终了时刻
1	数据准备处理	由预设定计算调用	数据准备完毕

续表 7-1

时序	功能	启动时刻	终了时刻
2	预设定计算	加热炉出钢，粗轧最后一道次，首机架咬钢时刻，由控制逻辑启动	预设定计算执行结束
3	修正设定计算	精轧出口测温仪检得带钢头部后，每经过一定长度带钢时，由控制逻辑启动	带钢尾部通过精轧出口测温仪
4	自学习计算	带钢尾部通过卷取机前的测温仪，由控制逻辑启动	自学习计算执行结束

7.2.2.1 预设定计算

预设定计算的主要功能是在某一特定时刻，根据精轧模型设定的带钢终轧温度、速度、厚度等参数的预报值和各工艺设备参数，利用层流冷却数学模型，进行带钢头部的冷却集管组态计算，预先计算出需要打开的集管组数及相应的位置，便于提前打开相应的阀门，以提高控制的及时性。预设定的计算流程如图 7-2 所示。

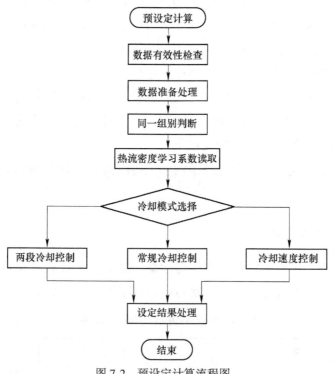

图 7-2 预设定计算流程图

加热炉出炉时，模型进行第 1 次预设定；在粗轧机末道次抛钢时模型对带钢进行第 2 次预设定；结果仅发送到 HMI 画面上在飞剪检得时对带钢进行第 3 次预设定；上述设定结果仅发送到 HMI 画面上。精轧机第·活动机架咬钢时，模型进行第 3 次预设定，设定结果显示在 HMI 画面上，又下发到基础自动化。另外，在全线模拟轧制时也将进行预设定。

各主要模块分别介绍如下：

（1）数据有效性检查：该模块主要功能是检查 PDI 数据和精轧模型预报数据的有效性，确定所需数据是否异常。如有异常，则进行保护处理并进行报警。图 7-3 所示为数据准备处理模块结构图。

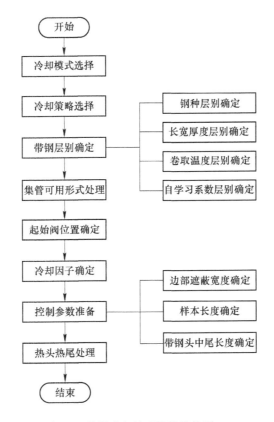

图 7-3 数据准备处理模块结构图

（2）数据准备处理：该模块模型计算之前的一个数据准备过程，通过获取 PDI、精轧设定数据以及 HMI 数据，为模型运算提供所需的信息和数据。

1）通过 PDI 数据确定该块带钢对应的各种层别索引号。

2）由层别索引号查询相应层别数据表，确定层流冷却模型控制表格索引的参数数据。

3）通过 PDI 数据，并考虑到 HMI 输入，确定冷却模式和冷却策略。

4）由 HMI 给出的集管健康状态确定集管可用状态。

5）确定模型运算所需的控制参数，诸如样本长度、热头热尾处理工艺参数。

（3）同一组别判定：该模块主要功能是通过对比当前带钢和上一块带钢的水冷自学习层别号，若相同，就认为是同一组别，即两块带钢为同一规格；若不相同，则认为两块带钢为不同规格；为下一步进行自学习系数选取做准备。

（4）热流密度学习系数确定：该模块主要功能是根据钢种组别号和厚度组别号检索空冷长期自学习系数和短期自学习系数。若两块带钢为同一规格，则选择水冷短期自学习系数；若为不同规格，则选取水冷长期自学习系数。

（5）冷却模式选择：模型设计了三种冷却模式：一是以卷取温度作为单目标控制的常规冷却模式；二是以中间温度、冷却速度和卷取温度作为多目标控制的冷却速度控制模式；三是以中间温度、空冷时间和卷取温度作为多目标控制的两段冷却控制模式；冷却模式代码可由轧制计划给出，也可以由操作工进行干预。

1）常规冷却模式下轧件温度计算。常规冷却模式是以目标卷取温度作为控制目标的冷却方法。图 7-4 为常规冷却模式下轧件温度计算流程图。

该模块的主要功能是根据精轧模型预报的带钢终轧温度、速度和厚度及集管健康状态等，按照给定的冷却策略计算带钢达到目标卷取温度的集管组态。

首先要进行温度转换，目标卷取温度为带钢的心部温度，而测温仪所测温度为带钢表面的温度，故需要将心部温度转化为表面温度，而后再进行计算。

然后进行冷却能力判断，若层冷区的最大冷却能力达不到所需的卷取目标温度，则需要修改此规格带钢的轧制规程。

若冷却能力满足，则进行温降计算，常规冷却模式下轧件温度计算功能主要包括四部分：空冷温降计算及空冷能力判定、反馈段温降计算及反馈冷

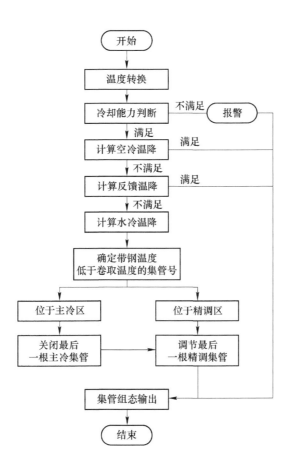

图 7-4 常规冷却模式下轧件温度计算流程图

却能力判定、主冷区水冷温降计算及集管组态的确定和精调区水冷温降计算及集管组态的确定。

若空冷满足条件则不需要开启集管，若反馈段满足则只需要开启反馈段集管，若反馈段不满足，则需要对主冷区和精调区集管进行设置，最后计算出所需集管的组态。图 7-5 所示为常规冷却模式集管温降设定示意图。

2）冷却速度模式下轧件温度计算模块。冷却速度模式是以中间目标温度、卷取目标温度和对应区间的冷却速度作为控制目标的冷却方法。常见的冷却速度设定结果如表 7-2 所示。

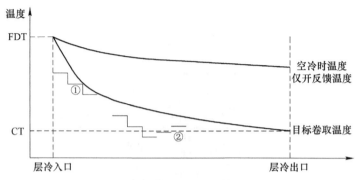

图 7-5 常规冷却模式集管温降设定示意图

①—单根主冷温降；②—单根精调温降

表 7-2 不同冷却速率下的集管设定组态

项 目	冷却速度 a_1		冷却速度 a_2	
1	1111 1111 1111 1111	……	1100 1100 1100 1100	……
2	1110 1110 1110 1110	……	1000 1000 1000 1000	……
3	1100 1100 1100 1100	……	1111 1111 1111 1111	……
4	1000 1000 1000 1000	……	1110 1110 1110 1110	……

该模块的主要功能是根据精轧模型预报的带钢终轧温度、速度、厚度、宽度以及集管健康状态等，在控制冷却速度的同时，计算带钢达到目标卷取温度所需的集管组态。计算流程如图 7-6 所示。

温度转换和冷却能力判定过程同常规冷却模式判定过程。以单样本为例，温降过程如图 7-7 所示。

根据工艺要求给出冷却速度 a_1 和 a_2，中间目标温度 T_1 和 T_2，将冷却过程分为如下三步：

一是从 FDT 到 T_1 的冷却过程，二是 T_1 到 T_2 的冷却过程，三是 T_2 到目标卷取温度的冷却过程。

3）两段冷却速度模式下轧件温度计算子模块。

计算流程如图 7-8 所示。以单样本为例，温降过程如图 7-9 所示。

两段冷却模式是以中间目标温度、卷取目标温度和对应区间的冷却速度及特定的空冷长度作为控制目标的冷却方法。两段冷却模式与冷却速度模式的温降计算过程基本一致，不同之处在于，两段冷却模式下在两个不同的冷

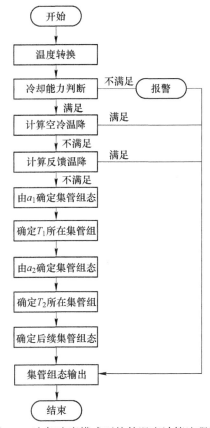

图 7-6 冷却速度模式下轧件温度计算流程图

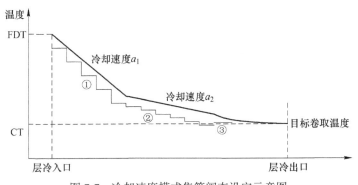

图 7-7 冷却速度模式集管阀态设定示意图

①—a_1 对应温降；②—a_2 对应温降；③—精调单根温降

却速度之间加入了一段空冷过程。

（6）设定结果处理：该模块的主要功能是对轧件温度计算模块的设定结

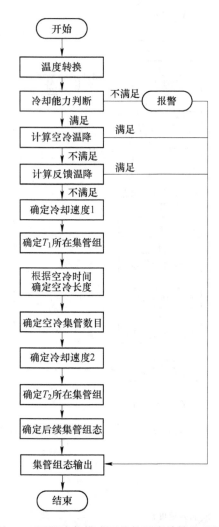

图 7-8 两段冷却模式下轧件温度计算流程图

果进行处理，保存温度计算数据和设定阀态，并下发集管阀态到基础自动化。

7.2.2.2 修正设定计算

修正设定计算是根据精轧出口样本的温度、速度、厚度的实测值和各工艺设备参数，计算带钢各样本对应的集管组态，并对已进入层冷区的样本，根据实时速度变化，对速度进行处理，重新计算样本组态。具体计算流程如图 7-10 所示。

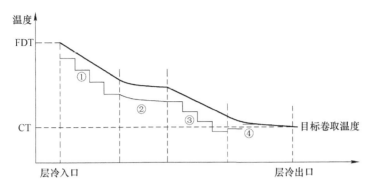

图 7-9 两段冷却模式下集管阀态设定示意图

①—a_1 对应温降；②—a_2 对应温降；③—空冷温降；④—精调单根温降

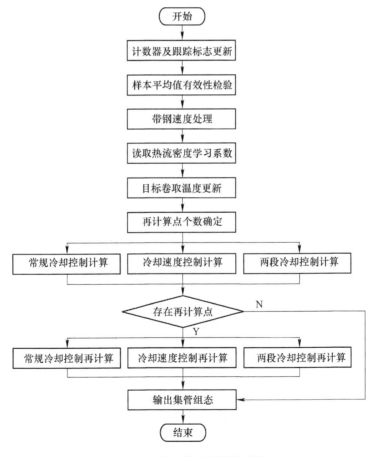

图 7-10 修正设定计算流程图

各模块主要功能是：

（1）计数器及跟踪标志更新。该模块的主要功能是当带钢每前进一个样本长度时，样本计数器进行相应更新，并对带钢热头、头部、中部、尾部以及热尾位置做准确跟踪。

（2）样本平均值有效性检查。该模块主要功能是对实测的带钢终轧温度、速度和厚度的平均值进行极值检查和逻辑检查。当所检查数据不满足时将进行保护处理并报警。

（3）学习系数确定：该模块的主要功能是确定带钢各个样本的自学习系数。根据跟踪的实时数据，读取相应的学习系数。

（4）目标卷取温度更新：该模块的主要功能是当热头热尾功能投用后，对头尾部样本的目标卷取温度作相应变更。

（5）再计算点个数确定：该模块首先根据样本长度确定再计算点个数的基准值，再根据冷却历程确定再计算点个数（图7-11）。

（6）再计算过程：当样本进入层冷区到精轧抛钢过程中，带钢速度波动较大，若不进行补偿计算，将会严重影响温度控制效果。故需要对已进入冷却区的样本进行温降计算，重新计算集管组态，此过程称为再计算过程。

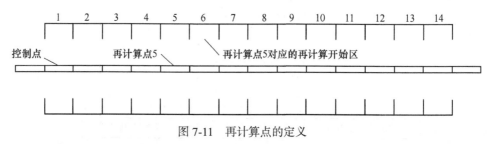

图 7-11 再计算点的定义

7.2.2.3 自学习计算

带钢层流冷却时的传热是一个非常复杂的过程，温降模型的计算会存在一定的偏差，自学习是提高带钢温度控制精度的重要措施。自学习计算的基本原理是根据当前带钢卷取温度的实测值和计算值之间的偏差，采用适当的修正算法，对控制模型中的热流密度系数进行修正，以提高模型对以后轧制带钢的卷取温度控制精度。

自学习功能分为长期自学习和短期自学习。其中短期自学习系数直接用于下一块同组别带钢；长期自学习系数存储于带钢长期自学习系数表中，供换组别轧制首块钢时调用。自学习功能主要是针对水冷过程进行的。在带钢尾部通过层流冷却出口测温仪后，自学习计算开始启动。

自学习计算的流程如图 7-12 所示。

热流密度系数的自学习计算：

$$f_{new} = f_{old} \times g + f_{old} \times (1-g) \times \sum_{i=1}^{n} \frac{u_i}{n} \quad (7\text{-}14)$$

式中　f_{new}——带钢的热流密度系数自学习新值；

　　　f_{old}——本卷带钢所采用的热流密度系数；

　　　g——平滑系数；

　　　u_i——每个样本的学习系数瞬时值。

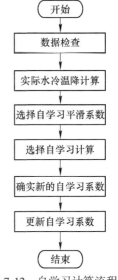

图 7-12　自学习计算流程图

7.3　带钢跟踪系统设计

在升速轧制的情况下，板带各点通过控制冷却区的时间差异很大，因此控制冷却实际上是在一定空间范围内对处于变速运动中的带钢沿长度方向逐点进行控制。准确获知控制点在冷却区所处的位置，对实现带钢温度控制有着重要的意义。

在生产实际中，对整条带钢沿长度方向实行分段控制，每一段称为一个样本，如图 7-13 所示。以样本作为独立的控制单元，通过实时采集各样本精轧出口的厚度、速度和温度，以目标卷取温度为目标，进行温降计算，实时输出集管组态。

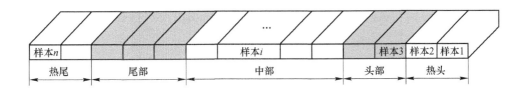

图 7-13　样本划分示意图

预设定、修正设定和自学习计算都是在样本的基础上进行的，数据准备处理的过程中，很重要的一项就是根据板坯数据和带钢目标厚度与宽度将带钢全长的样本数据算出来，同时将带钢热头、头部、中部、尾部和热尾样本数都计算出来。

样本长度依据带钢的规格，即按照带钢种类与带钢厚度进行确定。为便于轧制过程中过程自动化对带钢样本的跟踪，样本的长度一般为集管组长度的整数倍。

7.3.1 基于样本的带钢跟踪

预设定和修正设定功能是一个前馈控制过程，前馈控制的关键在于对样本的冷却历程实现控制。在线控制时需要根据实测精轧出口速度预测每个样本在各冷却单元下的速度，从而确定样本的位置。

在跟踪系统设计时，基础自动化完成样本计数和样本平均值计算等工作；过程自动化完成样本喷水组态的确定。

7.3.1.1 基础自动化的样本跟踪

基础自动化除了完成带钢头部或尾部通过热输出辊道时，按顺序依次打开或关闭冷却水阀门以外，当带钢头部经过层流冷却入口和出口测温仪时，由测温仪检得信号触发层流冷却入口及出口带钢样本跟踪程序。样本的长度由过程控制系统确定，并提前发送至基础自动化。

层流冷却区域入口每经过一个样本时，基础自动化系统通过通讯程序将带钢样本终轧温度平均值、终轧厚度平均值、带钢速度平均值及入口样本数发送至过程控制系统，用于触发过程控制系统修正设定计算。在层流冷却区域出口每经过一个样本时，基础自动化系统通过通讯程序将带钢样本卷取温度平均值、带钢卷取速度平均值以及出口样本数发送至过程控制系统，用于后续的自学习计算。

7.3.1.2 过程自动化的样本跟踪

过程自动化的跟踪主要是根据基础自动化上传的样本个数进行的，基础自动化上传的样本个数是时刻变化的，过程自动化必须按照带钢热头、头部、中部、尾部和热尾样本的个数将带钢各个部分准确划分开来，从而进行设定计算。

（1）计数器更新：跟踪过程中用到的计数器及标志位有：带钢头部通过精轧出口测温仪后的计数器、带钢尾部通过精轧出口测温仪后的计数器、带钢通过卷取测温仪后的计数器、热头结束标志、头部开始标志、尾部结束标志、热尾开始标志和学习点通过精轧测温仪后的计数器。

（2）带钢头尾部跟踪更新：带钢在行进过程中，要判断头尾部所在位置，设立头尾跟踪标志。通过判断跟踪标志的值可以得到头尾部所在的集管组号，即头尾跟踪标志与集管组号对应。

（3）带钢冷却区跟踪更新：每个集管组下设立一个标志计数器，计数器的值即为该集管组下的带钢样本段序号，若集管组下无钢则计数器读数为零。通过计数器的值，确定集管组下的带钢样本号。

修正设定时根据带钢样本段在精轧出口实测温度、厚度及速度计算出该样本段的集管组态，但算出的集管组态并不是立刻就由基础自动化执行，而是在考虑程序的计算时间、阀门的响应时间、该样本的运行时间以及冷却水从喷嘴落到样本上的时间，由跟踪逻辑跟踪该样本至其应历经的设定集管组态的最后一组集管之前，执行修正设定得到的组态（图7-14）。

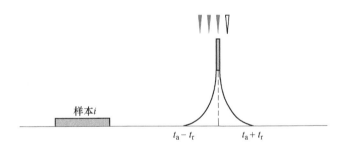

图7-14　带钢样本到达喷嘴的时间和集管阀门开启时间

7.3.2　基于样本跟踪的组态编辑下发

当每一个样本经过精轧出口测温仪时，过程机根据实测的样本终轧温度、速度、厚度和目标卷取温度，通过数学模型计算出该样本的设定组态。在线控制过程中将涉及每一个样本的组态计算，又需要对单个样本进行多次再设定计算，因此每一时刻层冷区集管组态应是多个样本组态的合成组态。在编集过程中必须根据样本微跟踪，保证样本按照预定的组态进行冷却。

下面是现场应用的一种集管组态编集的方法（样本长度为三个集管组长），具体编辑过程如图 7-15 所示。

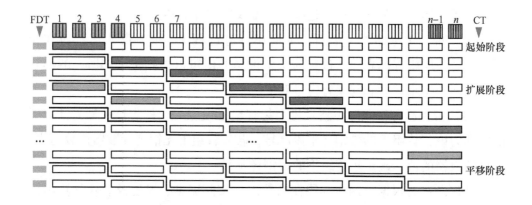

图 7-15　实时组态编辑过程

由图 7-15 可以看出，实时组态是由层冷区 n 个集管组下对应的样本的组态编集合成的，当带钢头部刚进入层冷区，实时组态为预设定的组态；当第一个样本在精轧出口测温仪检得后，实时组态为第一个样本的组态，可称为起始阶段；当多个样本检得后，实时组态为这些样本组态的合成，可称为扩展阶段；当最末集管组对应的组态不再是第一个样本的组态时，实时组态就进入平移阶段；抛钢后，过程自动化根据虚拟样本的数据，继续进行再设定计算，对进入层冷区的样本进行组态设定，直至带钢尾部离开层冷区结束。

7.4　带钢全长温度控制

7.4.1　带钢头尾温度控制

热轧带钢卷取过程中，由于钢卷的内外圈与外界接触，冷却速度较带钢中部快，使低熔点化合物和碳化物（包括渗碳体）析出量不均，芯部铁素体晶粒尺寸大于头尾晶粒尺寸，从而造成钢卷头尾的强度高于芯部，塑性指标略低于芯部。若适当提高钢卷头尾的卷取温度，使整卷带钢的卷取温度呈凹

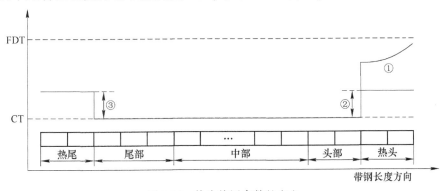

型分布，提高钢卷头尾的冲压成型性能，提高整个钢卷的成材率，增加经济效益。

7.4.1.1 热头热尾处理

热轧带钢的目标卷取温度一般在 550~680℃ 之间，对于厚规格带钢来说，在此温度范围内进行弯曲变形比薄规格带钢困难得多。带钢厚度大于 16mm 时，如果卷取温度控制不好，使带钢头部温度过低，由于卷取机助卷辊的压力不足，无力将带头弯曲并卷入到卷筒中，从而造成卷废现象。

为消除这种影响，采用热头热尾控制。在集管水流量可调的情况下，当带钢头尾部到达冷却区时，减少水流量提高带钢头尾部终冷温度；在流量不可调的情况下，可通过调整带钢的目标卷取温度，减少集管开启根数实现带钢头中尾各区段实际卷取温度呈凹型，如图 7-16 所示。

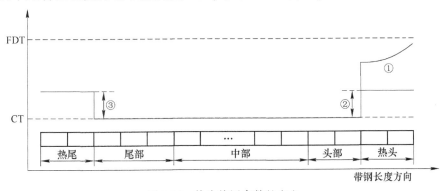

图 7-16　热头热尾参数的定义

①—空头处理；②—头部温升；③—尾部温升

进行热头热尾处理并不只是针对厚规格带钢，在现场实际生产过程中，很多钢种的卷取温度曲线是头尾高中间低的形状，这时也可以利用热头热尾机制对带钢头尾进行特殊控制以实现卷取温度的均匀性。

对于超厚规格的带钢，可以采用带钢热头部样本完全空冷，不进行组态设定，从而达到顺利卷取的目的，称为空头处理。

热头热尾长度及温升是根据带钢厚度组别和钢种组别确定的。

7.4.1.2 头部特殊处理

为了保证薄规格钢卷头部的通板性以及卷取的顺利进行，带钢头部不喷水或者只有上集管组喷水。头部特殊处理长度以及喷水方法可根据现场进行确定。表 7-3 表示头部特殊控制处理代码对应的控制方法。根据厚度和宽度组别读入相应的控制方法代码和控制长度（表 7-4 所示），最后由控制代码确定的控制方法决定带钢头部是否进行喷水以及喷水的上集管组和集管数。

表 7-3 头部特殊控制处理

代码	控 制 方 法
1	头部区域，不喷水
2	头部区域，下集管组喷水
3	头部区域，1~3 段集管组上部 4 个集管喷水，下部不喷水
4	头部区域，1~3 段集管组上部 3 个集管喷水，下部不喷水
5	头部区域，1~3 段集管组上部 2 个集管喷水，下部不喷水

表 7-4 控制代码及控制长度的确定

项目	厚度	1	2	3	4	5	6	7	8	9
1	控制长度（m）	18	18	18	18	18	14	4	4	6
	控制代码	1	1	1	5	5	4	4	4	2
2	控制长度（m）	18	18	18	15	14	14	4	4	6
	控制代码	1	1	1	5	5	4	4	4	2
3	控制长度（m）	18	18	18	15	14	14	4	4	6
	控制代码	1	1	1	5	5	4	4	4	2

7.4.2 基于 Smith 预估器的反馈控制

在层流冷却控制系统中，卷取高温计通常安装在距层流冷却出口 10m 左右的位置，再加上集管开闭阀门存在 1~2s 的响应时间，使得卷取温度反馈控制系统成为一个典型的纯滞后系统。

为了提高产品产量及保证带钢终轧温度，大多数现代热连轧机都采用升速轧制工艺，带钢在经过层流冷却区域时会有较大幅度的升速和降速，而且每根集管与卷取高温计的距离相差较大，这样就导致了被控对象的滞后时间是变化的，如图 7-17 所示。从图中可以看出，高温计检测出来的实际温度值与影响温度的集管状态不是在同一时间内发生的，即实际带钢温度的波动不能得到及时的反映，再加上控制阀开闭所需要的时间等，结果使层流冷却控

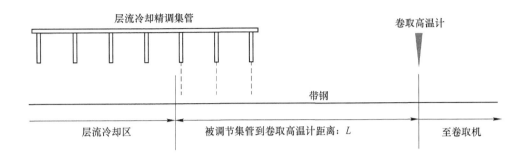

图 7-17　反馈控制系统结构简图

制系统有一个时间滞后 τ，可用下式来表示

$$\tau = \tau_1 + \tau_2 = \frac{L}{v} + \tau_2 \tag{7-15}$$

式中　τ ——系统滞后时间，s；

$\quad\tau_1$ ——带钢运行滞后时间，s；

$\quad\tau_2$ ——控制阀开闭以及冷却水落到带钢表面所需时间，s；

$\quad v$ ——带钢运行速度，m/s；

$\quad L$ ——开闭动作集管到卷取高温计的距离，m。

由于参与反馈控制的每一根集管到高温计的距离不同，使得带钢的滞后时间 τ_1 不仅随轧制速度变化，还与需要开闭的具体集管相关。将样本长度 L_g 定义为

$$L_g = L + v\tau_2 \tag{7-16}$$

带钢样本的长度为 L_g，则带钢头部温度的控制死区长度 $L_d = 2L_g$，为了缩短控制死区，则将带钢样本长度缩短。缩短的原则是将 L_g 进行 m 等分，则每个样本长度变为

$$L_s = \frac{L_g}{m} = \frac{L + v\tau_2}{m} \tag{7-17}$$

式中，m 为整数并且 $m \geqslant 1$。在这种情况下，带钢头部控制死区长度为

$$L_d = \left(1 + \frac{1}{m}\right) L_g \tag{7-18}$$

系统的采样时间可以用下式来表示

$$T_s(i) = \frac{L_g}{m \cdot v(i)} \qquad (7\text{-}19)$$

式中　$T_s(i)$ ——第 i 时刻的采样时间，s；

　　　$v(i)$ ——第 i 时刻带钢运行的平均速度，m/s。

此外，卷取高温计在测温时也有一个响应时间，可认为是一阶惯性环节，传递函数可以用下式表示

$$G(s) = \frac{1}{T_0 s + 1} \qquad (7\text{-}20)$$

式中　T_0——高温计的惯性时间常数，s。

综上所述，将控制器设计为系统具有典型二阶最优，其控制系统的结构图如图 7-18 所示。

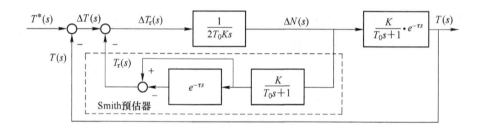

图 7-18　基于 Smith 预估器的反馈控制系统原理框图

经过推导，控制率表达式如下

$$\Delta n(i) = \frac{a(i) + 2R(i)^2 \dfrac{v(i-1)}{v(i)} - 1}{a(i)} \Delta n(i-1) - \frac{2R(i)^2 \dfrac{v(i-1)}{v(i)}}{a(i)} \Delta n(i-2) +$$

$$\frac{1}{a(i)}\Delta n(i-m-1) + \frac{R(i)+1}{a(i) \cdot K}\Delta T(i) - \frac{R(i)}{a(i) \cdot K}\Delta T(i-1) \qquad (7\text{-}21)$$

由此可见，影响当前控制率 $\Delta n(i)$ 的不仅仅是当前的温度偏差 $\Delta T(i)$ 以及第 $(i-1)$ 次的温度偏差 $\Delta T(i-1)$，还与第 $(i-1)$ 次的控制率 $\Delta n(i-1)$、第 $(i-2)$ 次的控制率 $\Delta n(i-2)$ 和第 $(i-m-1)$ 次的控制率 $\Delta n(i-m-1)$ 有关。当前控制率 $\Delta n(i)$ 的计算示意图如图 7-19 所示。反馈控制算法的程序实现如图 7-20 所示。

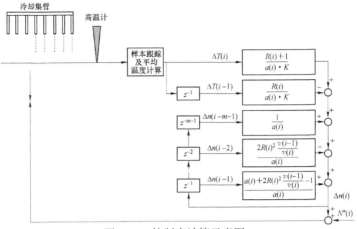

图 7-19 控制率计算示意图

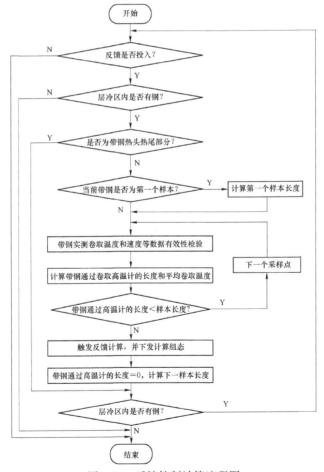

图 7-20 反馈控制计算流程图

7.5 现场控制效果

图 7-21 是生产过程中不同规格带钢的卷取温度曲线。从图中可以看出，

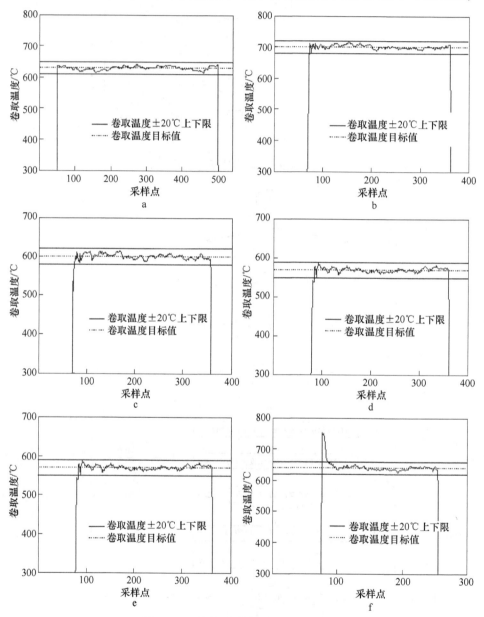

图 7-21　不同规格带钢的卷取温度曲线

a—SS400，厚度 2.30mm，卷取温度 630℃；b—DD13，厚度 3.50mm，卷取温度 700℃；
c—380CL，厚度 6.60mm，卷取温度 600℃；d—510L，厚度 7.80mm，卷取温度 570℃；
e—Q450NQR1，厚度 8.00mm，卷取温度 600℃；f—Q235B，厚度 15.70mm，卷取温度 640℃

该控制系统能够适应不同钢种和不同规格带钢的不同冷却工艺的要求，卷取温度控制精度较高。

现场实际统计结果表明，换规格首卷带钢±20℃的控制精度达到95.48%，后续卷带钢±20℃的控制精度达到97.06%，满足温度控制要求。

参 考 文 献

[1] 镰田正诚. 李伏桃, 陈岜, 康永林译. 板带连续轧制: 追求世界一流技术的记录 [M]. 北京: 冶金工业出版社, 2002.

[2] 美坂佳助. コールドタンデムミルの影響係数 [J]. 塑性と加工, 1967, 8 (75): 188~200.

[3] 黄克琴, 陈和铁. 美坂佳助影响系数法的改进 [J]. 冶金自动化, 1983, (1): 37~46.

[4] 张进之, 郑学锋. 冷连轧稳态数学模型及影响系数 [J]. 钢铁, 1979, 14 (3): 59~70.

[5] 孙一康. 带钢热连轧数学模型基础 [M]. 北京: 冶金工业出版社, 1979.

[6] Zhao Tieyong, Xiao Hong. Improved model to solve influence coefficients of work roll deflection [J]. Journal of Central South University: Science and Technology, 2010, 17: 1000~1005.

[7] Moon Y H, Yi J J. Improvement of roll-gap set-up accuracy using a modified mill stiffness from gaugemeter diagrams [J]. Journal of Materials Processing Technology, 1997, 70: 194~197.

[8] Pronk C, Van B J, Ter L F, et al. Stability and accuracy of AGC systems in hot strip mills due to mill modulus errors [C]. Proceedings of the 4th IFAC Symposium, Helsinki, Finland: IFAC, 1984: 633~639.

[9] 杨卫东. 基于弹跳方程的 GM-AGC 的局限性 [J]. 冶金自动化, 2005, 04: 59~61.

[10] 杨卫东. GM-AGC 的伪正反馈现象研究 [J]. 冶金自动化, 2006, 04: 46~48, 57.

[11] 杨卫东. GM-AGC 的收敛性与稳态特性分析 [J]. 冶金自动化, 2009, 01: 52~56, 68.

[12] Hu Xian lei, Wang Zhao dong, Zhao Zhong, et al. Gauge- meter model building based on the effect of the elastic deformation of rolls in plate mill [J]. Journal of university and technology, 2007, 14 (4): 1~5.

[13] Liu Tao, Xue Zhi yang, Wang Yi qun. Study on the radial deformation of rollers basing on data analysis [J]. Procedia Engineering, 2011, 15: 676~680.

[14] 黄涛, 张杰, 曹建国, 等. 基于保持负荷分配比例的快速监控 AGC [J]. 钢铁研究学报, 2008, 20 (6): 23~26.

[15] 邵键, 何安瑞, 杨荃, 等. 热轧宽带钢自由规程轧制中负荷分配优化研究 [J]. 冶金自动化, 2010, 34 (3): 19~24.

[16] 唐荻. 我国热连轧带钢生产技术进步 20 年 [J]. 轧钢. 2004, 21 (6): 10~14.

[17] Hope T. Evolution of steel rolling technology [C]. Proceedings of the 7th International Conference on Steel Rolling Chiba Japan: The Iron and Steel Institute of Japan, 1998.

[18] Johnson W, Neadham G. Experiments on Ring Rolling [J]. International Journal of Mechanical Science, 1968, 10: 95~113.

[19] Johnson W, Macleod I, Neadham G. An Experimental Investigation into the Process of Ring or Metal Type Rolling [J]. International Journal of Mechanical Science, 1968, 10: 455~466.

[20] Mamalis A G, Johnson W, Hawkyard J B. On the pressure distribution between stock and rolls in Ring Rolling [J]. Mechanical Engineering of Science, 1976, 18 (4): 184~195.

[21] 李振山. 不均匀大宽展轧制过程金属流动规律有限元模拟 [D]. 西安: 西安建筑科技大学, 2008.

[22] 董安平. 热轧钢结构翼板钢轧制过程有限元仿真及其柔性化研究 [D]. 济南: 山东大学, 2005.

[23] 姜振峰, 柴鸿魁, 栾永正. 切分孔型内金属流动中立面位置的确定 [J]. 轧钢, 2006, 23 (4): 20~22.

[24] 周晓锋, 刘战英. 热轧窄带钢粗轧强迫宽展孔型的模拟研究 [J]. 河北冶金, 2005 (6): 15~16.

[25] 刘宝峰. 强迫宽展在翼板钢和窄带钢生产中的应用 [D]. 济南: 山东大学, 2015.

[26] 赵宪明, 刘相华, 王国栋, 等. 板坯轧制过程中不对称工艺参数对侧弯的影响 [J]. 钢铁, 2003, 38 (3): 25~28.

[27] 任勇, 程晓茹. 轧制过程数学模型 [M]. 北京: 冶金工业出版社, 2008.

[28] 何勇. H-P 型有限单元法在水工结构分析中的应用研究 [D]. 昆明: 昆明理工大学, 2015.

[29] 俞汉青, 陈金德. 金属塑性成形原理 [M]. 北京: 机械工业出版社, 1999.

[30] 谢贻权, 何福保. 弹性和塑性力学中的有限单元法 [M]. 北京: 机械工业出版社, 1981.

[31] 小林史郎. 塑性加工の力学の解析 [J]. 塑性と加工, 1975, 16.

[32] 林新波. DEFORM-2D 和 DEFORM-3D CAE 软件在模拟金属塑性变形过程中的应用 [J]. 模具技术, 2000, 3: 55~60.

[33] 阎军, 鹿守理. 简单断面型钢轧制温度场的三维有限元模拟 [J]. 华东冶金学院学报, 2000, 17 (2): 95~97.

[34] 尹飞鸿. 有限元法基本原理及应用 [M]. 北京: 高等教育出版社, 2010.

[35] 应富强, 张更超, 潘孝勇. 三维有限元模拟技术在金属塑性成形中的应用 [J]. 锻压装备与制造技术, 2003, 38 (5): 10~13.

[36] 杨伟军, 包忠诩, 柳和生, 等. 金属塑性成形有限元分析中的网格生成与重划 [J]. 精密成形工程, 1998 (4): 38~40.

[37] 刘建生, 王立元, 原向阳. 金属塑性成形的三维刚塑性有限元模拟技术研究 [J]. 太原科技大学学报, 1999 (4): 283~287.

[38] 陈如欣, 胡忠民. 塑性有限元法及其在金属成形中的应用 [M]. 重庆: 重庆大学出版

社, 1989.

[39] 李传民. DEFORM 5.03 金属成形有限元分析实例指导教程 [M]. 北京: 机械工业出版社, 2007.

[40] 林新波. DEFORM-2D 和 DEFORM-3D CAE 软件在模拟金属塑性变形过程中的应用 [J]. 模具技术, 2000, 3: 55~60.

[41] 钱振伦. 我国宽带钢热连轧机的最新发展及其评析 [J]. 轧钢, 2007, 24 (2): 32~34.

[42] 刘相华, 胡贤磊, 杜林秀. 轧制参数计算模型及其应用 [M]. 北京: 化学工业出版社, 2007.

[43] Greenfield E T, Patent U S. No. 1, 814, 593, July 14, 1931.

[44] Okado M, Patent U S. No. 4, 294, 094, Oct 13, 1981.

[45] 齐克敏, 丁桦. 材料成形工艺学 [M]. 北京: 冶金工业出版社, 2006.

[46] 王国栋. 现代热轧带钢生产技术 [J]. 轧钢, 1989 (5): 57~61.

[47] 王国栋. 现代材料成形力学 [M]. 沈阳: 东北大学出版社, 2004.

[48] Ooe K, Ueda T, Tani T, et al. Examination of effective factor on curling and curling control in plate rolling [J]. Tetsu-to-Hagane, 1999, 85: 599~604.

[49] Radionov A A, Maklakova E A, Maklakov A S, et al. The work roll bending control system of the hot plate rolling mill [J]. Procedia Engineering, 2015, 129: 37~41.

[50] Markowski J. The effect of roll strip feeding angle on stress distribution during strip rolling [J]. Metalurgija, 2005, 44 (3): 215~219.

[51] Takuda H, Fujimoto H, Tsuchida M, et al. Finite element analysis of edge lamination during hot rolling process of aluminum ally [J]. Archive of Applied Mechanics, 1995, 65 (6): 365~373.

[52] Gudur P P, Dixit U S. A neural network-assisted finite element analysis of cold flat rolling [J]. Engineering Applications of Artificial intelligence, 2008, 21 (1): 43~52.

[53] Komori K, Koumura K. Simulation of deformation and Temperature in multi-pass H-shaperolling [J]. Journal of Materials Processing Technology, 2000, 105: 34~31.

[54] Jiang Z Y, Tieu A K. A simulation of three-dimensional metal rolling process by rigid-plastic finite element method [J]. Journal of Materials Processing Technology, 2001, 112: 144, 151.

[55] Zang X L, Li X T, Du F S. Head and tail shape control in vertical-horizontal rolling process by FEM [J]. Iron and Steel Research, 2009, 16 (5): 35~42.

[56] Xiong S W, Liu X, Wang G D, et al. A three-dimensional finite element simulation of the vertical-horizontal rolling process in the width reduction of slab [J]. Journal of Materials Processing Technology, 2000, 101 (1): 146~151.

[57] Yea Y, Ko Y, Kim N, et al. Prediction of spread, pressure distribution and roll force in ring rolling process using rigid-plastic finite element method [J]. Journal of Materials Processing Technology, 2003, 140: 478~486.

[58] 刘洋. 板带热连轧轧制力及其设定的研究 [D]. 洛阳：河南科技大学, 2007.

[59] 张保林. 轧件速度场与温度场的耦合理论及计算 [D]. 沈阳：东北大学, 2008.

[60] 赵志业, 王国栋. 现代塑性加工力学 [M]. 北京：冶金工业出版社, 1987, 140~190.

[61] 陆文琼. 高强度热轧钢板成形特性的理论研究 [D]. 上海：上海交通大学, 2009.

[62] Lau A C W, Shivpuri R, Chou P C. An explicit time integration elastic-plastic finite element algorithm for analysis of high speed rolling [J]. International Journal of Mechanical Sciences, 1989, 31 (7): 483~497.

[63] Peterson S B, Martins P A F, Bay N. Friction in bulk metal forming-A general friction model the law of constant friction [J]. Journal of Materials Processing Technology, 1997 (66): 186~194.

[64] 徐伟力, 杨玉英, 林忠钦. 静力隐式弹塑性有限元程序中关键技术问题的处理 [J]. 材料科学与工艺, 2000, 8 (2): 29~33.

[65] Farhatnia F, Salimi M, Movahhedy M R. Elastic-plastic finite element simulation of asymmetrical late rolling using an ale approach [J]. Journal of Materials Processing Technology, 2006, 177 (1~3), 525~529.

[66] Lindgren L E, Jonas E. Explicit versus implicit finite element formation in simulation of rolling [J]. Journal of Materials Processing Technology, 1990, 24, 85~94.

[67] Kukielka K, Kukielka L. Numerical analysis of the process of trapezoidal thread rolling [J]. Pamm, 2007, 7 (1): 4010027-4010028.

[68] Sorgente D, Tricarico L. The role of the numerical simulation in superplastic forming process analysis and optimization [J]. Key Engineering Materials, 2010, 433: 225~234.

[69] Sowerby R, Chu E, Duncan J L. Determination of large strains in metal-forming [J]. Journal of Strain Analysis for Engineering Design, 1982, 17 (2): 95~101.

[70] Kudo H. An upper bound approach to plane forging and extrusion-I [J]. International Journal of Mechanical Sciences, 1960, 1.

[71] 张小平, 秦建平. 轧制理论 [M]. 北京：冶金工业出版社, 2006.

[72] 吕立华. 轧制理论基础 [M]. 重庆：重庆大学出版社, 1991.

[73] 赵志业. 金属塑性变形与轧制理论 [M]. 北京：冶金工业出版社, 1980.

[74] 陆济民. 轧制原理 [M]. 北京：冶金工业出版社, 1993.

[75] 杨节. 轧制过程数学模型 [M]. 北京：冶金工业出版社, 1993.

[76] Moon C H, Lee Y. Approximate model for predicting roll force and torque in plate rolling with

peening effect considered [J]. ISIJ International, 2008, 48 (10): 1409~1418.

[77] 武志强, 张纯. 国内某钢厂超快速冷却系统过程自动化控制模型的研究及应用 [J]. 工业, 2016 (5): 00255~00256.

[78] 彭良贵. 热轧带钢层流冷却数学模型研究及程序实现 [D]. 沈阳: 东北大学, 2004.

[79] 谢海波. 热轧带钢层流冷却过程控制模型及智能调优 [D]. 沈阳: 东北大学, 2005.

[80] Gong Dianyao, Xu Jianzhong, Peng Lianggui. Self-Learning and Its Application to Laminar Cooling Model of Hot Rolled Strip [J]. Journal of iron and steel research, international. 2007, 14 (4): 11-14.

[81] 刘恩洋. 板带钢热连轧高精度轧后冷却控制的研究与应用 [D]. 沈阳: 东北大学, 2012.

[82] Liu Enyang, Zhang Dianhua, Sun Jie, et al. Algorithm design and application of laminar cooling feedback control in hot strip mill [J]. Journal of Iron and Steel Research, International, 2012, 19 (4): 39~42.

[83] 江潇. 热轧带钢粗轧过程控制与模型 [D]. 沈阳: 东北大学, 2007.

[84] 李旭. 板带热连轧活套高度和张力控制系统的应用及解耦研究 [D]. 沈阳: 东北大学, 2005.

RAL·NEU 研究报告

（截至 2018 年）

No.0001 大热输入焊接用钢组织控制技术研究与应用

No.0002 850mm 不锈钢两级自动化控制系统研究与应用

No.0003 1450mm 酸洗冷连轧机组自动化控制系统研究与应用

No.0004 钢中微合金元素析出及组织性能控制

No.0005 高品质电工钢的研究与开发

No.0006 新一代 TMCP 技术在钢管热处理工艺与设备中的应用研究

No.0007 真空制坯复合轧制技术与工艺

No.0008 高强度低合金耐磨钢研制开发与工业化应用

No.0009 热轧中厚板新一代 TMCP 技术研究与应用

No.0010 中厚板连续热处理关键技术研究与应用

No.0011 冷轧润滑系统设计理论及混合润滑机理研究

No.0012 基于超快冷技术含 Nb 钢组织性能控制及应用

No.0013 奥氏体–铁素体相变动力学研究

No.0014 高合金材料热加工图及组织演变

No.0015 中厚板平面形状控制模型研究与工业实践

No.0016 轴承钢超快速冷却技术研究与开发

No.0017 高品质电工钢薄带连铸制造理论与工艺技术研究

No.0018 热轧双相钢先进生产工艺研究与开发

No.0019 点焊冲击性能测试技术与设备

No.0020 新一代 TMCP 条件下热轧钢材组织性能调控基本规律及典型应用

No.0021 热轧板带钢新一代 TMCP 工艺与装备技术开发及应用

No.0022 液压张力温轧机的研制与应用

No.0023 纳米晶钢组织控制理论与制备技术

No.0024 搪瓷钢的产品开发及机理研究

No.0025 高强韧性贝氏体钢的组织控制及工艺开发研究

No.0026 超快速冷却技术创新性应用——DQ&P 工艺再创新

No.0027 搅拌摩擦焊接技术的研究

No.0028 Ni 系超低温用钢强韧化机理及生产技术

No.0029 超快速冷却条件下低碳钢中纳米碳化物析出控制及综合强化机理

No.0030 热轧板带钢快速冷却换热属性研究

No.0031 新一代全连续热连轧带钢质量智能精准控制系统研究与应用

No.0032 酸性环境下管线钢的组织性能控制

（2019 年待续）